Charlie Whinney

HOLZ & DAMPF

Haupt
GESTALTEN

Charlie Whinney

HOLZ & DAMPF

Techniken und Projekte des Holzbiegens

Fotos von
Andrew Montgomery

Haupt Verlag

Für Casper

Über den Autor

Bevor sich Charlie Whinney auf dampfgebogene Holzarbeiten spezialisiert hat, studierte er Architektur, Möbeldesign und 3-D-Design im Nachhaltigen Bauen. Zahlreiche seiner Kreationen wurden mit Preisen ausgezeichnet. Inzwischen hat sich Charlie Whinney im englischen Lake District niedergelassen, wo er eine spektakuläre Holzskulptur nach der anderen kreiert und die Kunst des Dampfbiegens in sehr gefragten Kursen weitergibt.
www.charliewhinney.com

Sicherheitshinweis

Der Umgang mit Holz, Werkzeugen, Dampf- und Hitzequellen kann gefährlich sein. Beachten Sie die Anweisungen der Hersteller und treffen Sie geeignete Sicherheitsvorkehrungen. Autor und Herausgeber schließen eine Haftung für Unfälle, Verluste oder Verletzungen, die sich im Zusammenhang mit Inhalten dieses Buches ergeben, grundsätzlich aus.

Die englische Originalausgabe erschien 2019 unter dem Titel *Wood & Steam* bei Kyle Books, einem Imprint der Kyle Cathie Ltd, London, einem Unternehmen von Hachette UK.
www.kylebooks.co.uk
www.hachette.co.uk

Aus dem Englischen übersetzt von Anne Taubert, D-Berlin
Redaktion der deutschsprachigen Ausgabe: Uta Koßmagk, D-Wiesbaden
Satz der deutschsprachigen Ausgabe: Die Werkstatt Medien-Produktion GmbH, D-Göttingen

Printed in China

Swiss Climate CO₂neutral Transport

MIX Papier aus verantwortungsvollen Quellen FSC® C016973

Um lange Transportwege zu vermeiden, hätten wir dieses Buch gerne in Europa gedruckt. Bei Lizenzausgaben wie diesem Buch entscheidet jedoch der Originalverlag über den Druckort.
Der Haupt Verlag kompensiert mit einem freiwilligen Beitrag zum Klimaschutz die durch den Transport verursachten CO_2-Emissionen und verwendet Papier aus nachhaltigen Quellen.

Diese Publikation ist in der Deutschen Nationalbibliografie verzeichnet. Mehr Informationen dazu finden Sie unter http://dnb.dnb.de

ISBN 978-3-258-60208-0

www.haupt.ch

Wünschen Sie regelmäßig Informationen über unsere neuen Titel zum Gestalten? Möchten Sie uns zu einem Buch ein Feedback geben? Haben Sie Anregungen für unser Programm?
Dann besuchen Sie uns im Internet auf www.haupt.ch. Dort finden Sie aktuelle Informationen zu unseren Neuerscheinungen und können unseren Newsletter abonnieren.

Der Haupt Verlag wird vom Bundesamt für Kultur mit einem Strukturbeitrag für die Jahre 2016–2020 unterstützt.

INHALT

EINLEITUNG

Die Türen, Dielen und Treppen Ihres Hauses – vielleicht sogar die Wände und das Dach – wahren ein Geheimnis, das in den Bäumen vor Ihrer Tür begründet liegt und Jahrtausende zurückreicht. Dieses Geheimnis verbirgt sich, in Moleküle eingebunden, in den Fasern des Holzes. Es ist ein Potenzial, das schon immer darin schlummerte, aber nur Kundigen bekannt war, nämlich, dass es unter bestimmten Bedingungen unter Einfluss von heißem Wasserdampf möglich ist, Holz zu verbiegen, ja sogar ganz zu verdrehen oder zu einem Knoten zu binden – allein mit der Kraft der Hände.

In diesem Buch geht es um Geschmeidigkeit und Formbarkeit von Holz, Eigenschaften, die es annimmt, wenn man es bis auf den Siedepunkt erhitzt. Ihnen werden verblüffende Objekte begegnen, die sich genau diese kaum bekannten, aber ungemein zweckdienlichen Aspekte von Holz zunutze machen und deren Realisierung obendrein eine Menge Spaß macht. In diesem Buch stelle ich 18 brandneue Bugholzmodelle vor, die meisten sind Premieren und wurden extra für dieses Buch entwickelt. Dabei ist es egal, über welche Vorkenntnisse Sie verfügen: Diese Projekte ermöglichen es Ihnen, sich dem geheimnisvollen Geschehen auf verschiedenen Wegen zu nähern. Besonders wichtig war mir dabei, Ihnen meine Arbeiten in ihrer einfachsten Form vorzustellen, damit Sie das Wesentliche daran gut erfassen und die Modelle und Prototypen später selbst weiterentwickeln können.

Ich bin davon überzeugt, dass es bei unserer Reise durch dieses Jahrhundert, vor dem Hintergrund des Klimawandels, der Umweltverschmutzung, des Artensterbens und unserer stetig wachsenden Bevölkerung, immer lebensnotwendiger wird, dass wir zur Erfüllung unserer Bedürfnisse nachhaltige Materialien verwenden, wenn wir unseren Lebensstandard halten wollen. In vielen Branchen, wie dem Ingenieurwesen oder der Medizin, werden hochverarbeitete Materialien wie Plastik und Metall auch weiterhin notwendig bleiben, jedoch, was die Bereiche der Haushalts- und Luxusartikel betrifft, kann beinahe jedes Material zum Einsatz kommen, Hauptsache das Endergebnis erfüllt seinen Zweck. Unter dem Gesichtspunkt, dass es diese Gegenstände überhaupt nur gibt, um uns glücklicher zu machen und uns das Leben zu erleichtern, ist der Einsatz von energieintensiven oder umweltbelastenden Materialien kontraproduktiv, da die Bilanz für den Verbraucher auf lange Sicht negativ ausfallen wird. Indem Sie hier verschiedene Verfahren der Holzbearbeitung mit Wasserdampf erkunden, gebe ich Ihnen, so hoffe ich, andere Optionen an die Hand: Einfache, aber schöne Methoden, mit denen Sie einige Ihrer Bedarfsgüter mit Holzzweigen und Grünholz einfach selbst anfertigen können. Das Verlockende dabei ist, dass die Gegenstände aufgrund der investierten Zeit und Arbeit individuell und persönlich werden. Es entstehen Gegenstände, die sich über kurzlebige Modeströmungen hinwegsetzen, die man gern aufhebt und die ihren Wert für Sie und Ihre Familie auch zukünftig haben werden.

Unser Buch beginnt im Wald, wo wir Äste mithilfe von Feuer biegen, und endet mit einem dampfgebogenen Boot, das Sie innerhalb eines Wochenendes in der Werkstatt fertigstellen können.

Projekte für Menschen zu entwerfen, denen ich niemals begegnen würde, und deren Vorkenntnisse ich nicht kenne, war eine spannende Herausforderung. Bei meinen Entwürfen legte ich Wert auf leicht umsetzbare Projekte, die mehr als eine Bearbeitungsform erlauben und darüber hinaus die Möglichkeit bieten, sie nach eigenen Vorstellungen weiterentwickeln zu können. Sie werden unterschiedliche Versuchsaufbauten vorfinden, die Sie in Ihrem Garten, Ihrer Küche, der Schulwerkstatt oder zu Hause nachstellen können und die Ihnen damit breite Möglichkeiten eröffnen, das Experimentieren mit dem Dampfbiegen voll auszukosten. Viele Techniken, insbesondere die Methoden zur Holzerhitzung, sind unter den Projekten austauschbar. Nehmen Sie sich die Freiheit, Ihre persönliche Lieblingsmethode des Holzbiegens zu entwickeln: Verändern Sie die Vorgaben, schneiden Sie sie auf Ihre Bedürfnisse zu oder erfinden Sie neue Designs und Wege, die Dinge auf Ihre eigene Art zu tun.

Allem voran: Experimentieren Sie, machen Sie Fehler und lernen Sie aus ihnen. Es sind Neugier, Innovationsgeist und unsere Kreationen, die uns von den anderen Lebewesen unterscheiden. Schnelles Denken und Handeln sowie ein Verständnis dafür, wie wir unsere nächste Umgebung in nachhaltiger Weise nutzen können, sind vielleicht die Faktoren, die uns helfen werden, das nächste Kapitel unserer Geschichte zu meistern.

DIE WISSENSCHAFT DES DAMPFBIEGENS

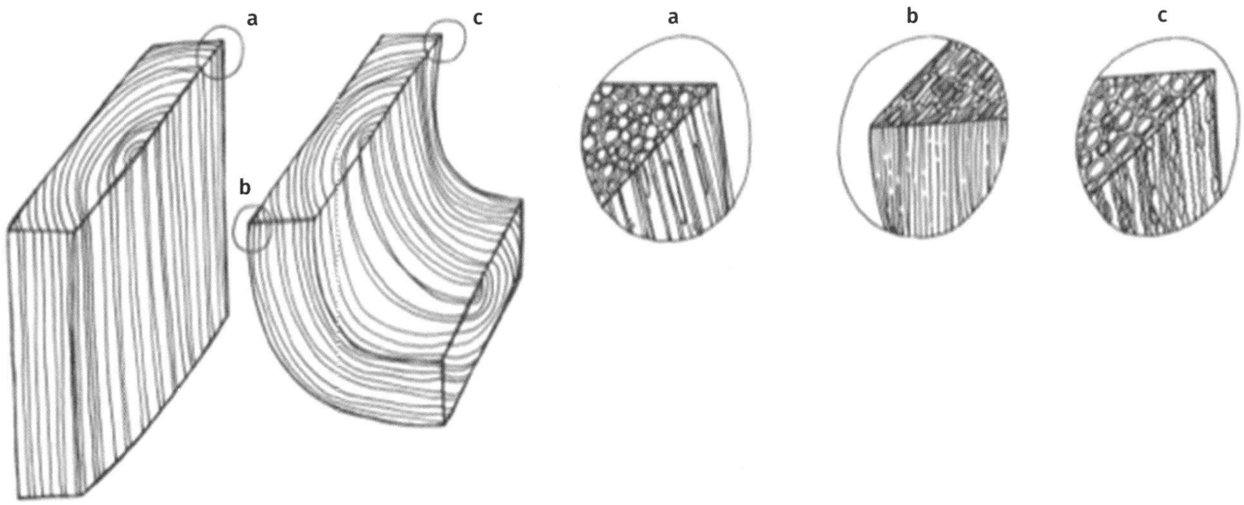

Als ich mit dem Dampfbiegen anfing – einen Tag nach einem Vortrag des Möbeldesigners David Colwell an meiner Fakultät – wusste ich noch fast nichts darüber. Bei meinen Versuchen brach das Holz oft, ohne dass ich verstand warum. Ich hatte mich der Aufgabe mit meinem Hintergrund als Metaller genähert und versuchte das Holz so zu biegen, zu verdrehen und zusammenzupressen, wie ich es von Metall gewohnt war. Ich hatte am Ende eine Menge interessant geformter Holzwerkstücke, aber mindestens ebenso viele zerbrochene. Erst als ich mir Zeit nahm, über Holz nachzulesen, verstand ich, wie ein Baum wächst, was Holz genau ist und was passiert, wenn wir Holz erhitzen und biegen. Von dem Moment an wurde es einfacher.

DIE HOLZSTRUKTUR

Bäume wachsen von innen nach außen und legen jedes Jahr auf ihrer gesamten Außenfläche eine dichte Schicht Holz zu. Wenn wir die winzigen Moleküle, die die Zellwände des Holzes ausmachen, stark vergrößert betrachten, zeigt sich, dass das Holz zu etwa 50 % aus Cellulose besteht, einer sehr regelmäßigen Polymerkette, gebildet aus mit Wasserstoff und Sauerstoff verknüpften Kohlenstoffhexagonen. Die Zwischenräume zwischen den Cellulosefasern sind mit Lignin angefüllt, einem Stoff, der etwa 30 % der Zelle ausmacht. Lignin ist ein schwer abzugrenzendes Molekül; es gibt viele unterschiedliche Bindungen, die in einer amorphen Netzstruktur miteinander verkettet sind und sich mit winzigen Beinchen um die benachbarten Cellulosefasern wickeln, wobei sie sie in lockerem Zellverbund zusammenhalten. Man könnte Holz als Verbundmaterial ansehen, bei dem das Lignin, etwa wie das Harz bei Glasfasern, den Zusammenhalt gewährleistet.

Beim Erwärmen von Holz jedoch laden sich die Holzelektronen mit Energie auf, die Strukturen geraten in Bewegung und der Halt zwischen den Ligninverbindungen verliert an Stabilität. Am Siedepunkt ist die Holzstruktur so aufgeweicht, dass sich Holz biegen lässt.

Zoomen wir aus der Zellstruktur heraus, um uns eine einzelne Zelle in ihrer Gesamtheit anzuschauen, fällt zunächst ihre Form auf: Die Zellen zeigen sich als lange hohle Röhren, die dicht zusammengepackt sind und an den Seiten kleine Löcher aufweisen, durch die eine Zelle mit der Nachbarzelle verbunden ist. Als nächstes fällt auf, dass die Zellen leer sind. Lebende Pflanzenzellen enthalten die vollständige Kombination der Organellen für das Leben, aber diese sind hier schon lange fort, verschwunden nur wenige Wochen, nachdem die Zelle ihre volle Größe erreicht hat, und nun sind sogar Wasser und Pflanzensaft, die die Leerräume vor dem Erhitzen ausgefüllt hatten, fast vollständig durch die Hitzeeinwirkung verdampft. So trocknet der heiße Dampf das Holz innerhalb kurzer Zeit wie bei abgelagertem Holz.

Zoomen wir weiter heraus, erkennen wir, wie die Anordnung der Zellen parallel zur Außenwand des Baumes die Faserrichtung bildet, und dass die Zellen, die jedes Frühjahr neu dazuwachsen, im Vergleich zu denjenigen vom Rest des Jahres, riesig sind. Biegen wir nun das Holz, beginnen die weich gewordenen Zellen ihre Form völlig zu verändern. Die Zellen auf der Innenseite der Krümmung werden zusammengepresst, die Fasern legen sich im Zickzack, während das Holz gequetscht und verdichtet wird. An der Außenseite der Krümmung verflachen sich die Zellen und strecken sich in die Länge. Kurz vor dem Reißen begreifen wir, dass wir Holz viel eher zusammendrücken als auseinanderziehen können. Biegen wir weiter, sehen wir, dass die Schwachpunkte die „Faserneigungen" sind, Stellen, an denen die Holzfasern nicht parallel zur Holzoberfläche verlaufen. Dort droht das Holz, sich aufzuspalten – also lieber nicht weiter biegen, sonst bricht es vielleicht! Hätten wir mit einem Kompressionsgurt gearbeitet, hätten wir weiterbiegen können, da das Stahlband am Außenradius sichergestellt hätte, dass das Holz weitestgehend zusammengehalten und gequetscht worden wäre.

Dann kühlt das Holz ab. Lassen wir das Holz jetzt los, springt es zurück in seine fast gerade Form; warten wir jedoch ab, bis es vollständig erkaltet ist, hat sich das Lignin in neuer Anordnung um die Cellulosemoleküle gruppiert und der „Rücksprung" wird nur etwa 25 % der Biegung ausmachen. Trotzdem werden die porösen Pflanzenzellen des Holzes immer noch ein wenig feucht und weich sein; wir werden also trockene Luft um das Holz zirkulieren lassen, bis die Zellen in der neuen Anordnung aushärten. Ist das Holz trocken (bei weniger als 15 % Feuchtegehalt) und wir lösen die Fixierung, beträgt das Rückfedern nur noch etwa 5 % der Biegung und wir können von einer erfolgreichen Dampfbiegung sprechen.

DAS ARBEITEN MIT DAMPF

Es erfordert in der Regel weniger als ein Zehntel an Energie, Treibstoff und Aufwand, einen Gegenstand aus vor Ort vorhandenem Grünholz herzustellen, als aus gekauftem importiertem Trockenholz, und es verursacht mehr als fünfzig- bis hundertmal weniger Umweltverschmutzung und Energie- und Treibstoffverbrauch als bei Metall oder Plastik. Selbst wenn wir den Energieverbrauch für den Dampf mit einkalkulieren, ist die Bearbeitung von Grünholz mit Dampf extrem effizient und die hergestellten Objekte werden einen weitaus geringeren Gehalt an grauer Energie, eine bessere CO_2-Bilanz und einen niedrigeren Anteil an der Umweltbelastung aufweisen, als beinahe alles, was Sie im Handel erwerben können.

Zu einem großen Teil rührt mein Interesse am Dampfbiegen daher, dass sich hier ein alternatives Herstellungsverfahren auftut. Den Anfang kann ein frisches Stück Holz aus Ihrer näheren Umgebung machen – manchmal tatsächlich Äste aus dem Garten, wie Sie in diesem Buch sehen werden – und die Resultate sind nützliche Objekte mit schön geschwungenen Bogenformen, deren Feuchtegehalt gedarrtem Holz aus der Trockenkammer in nichts nachsteht.

AUSWAHL UND LAGERUNG DES HOLZES

Hölzer, so wie alle Gefäßpflanzen, bauen sich aus Cellulosezellen und Lignin auf, und alle Hölzer, unabhängig von Art, Alter und Feuchtigkeitsgehalt, lassen sich durch Erhitzen und Dämpfen bis zu einem gewissen Grad biegen. Extreme Biegeradien, etwa stärker als in einem Verhältnis von 1:20 von Holzdicke zu Biegeradius, sind abhängig von der Holzart, dem Trocknungsgrad des Holzes und der Faserrichtung. Ganz allgemein eignen sich ringporöse Harthölzer aus gemäßigten Klimazonen (d. h. bei uns heimische Laubhölzer, an denen man die Jahresringe gut sehen kann) normalerweise gut zum Dampfbiegen, obwohl es auch Ausnahmen gibt. Grob eingeteilt danach, „wie weit man gehen kann", sind meine zehn Favoriten aus dem Wald um meine Werkstatt in der englischen Grafschaft Cumbria: Esche, Eiche, Ulme, Eibe, Walnuss, Buche, Weide, Birke, Bergahorn und Lärche – in dieser Reihenfolge. Bei relativ geringer Holzdichte, wie z. B. bei Kiefer, Lärche und Pappel, neigt das Holz auf der Innenseite enger Biegeradien zu Verwerfungen, dennoch sind auch bei weicheren bzw. Weich- und Nadelhölzern mäßige Biegungen möglich. Da ich fast ausschließlich heimisches Holz verwende, kann ich nicht über jede Holzart eine Aussage treffen, aber ich hatte schon so manch interessantes und unerwartet vielversprechendes Ergebnis mit dem Verdrehen von Eukalyptus und dem freien Biegen von Nadelholz. Das Arbeiten mit Rattan ist eine Freude (unmöglich, es zu brechen!), allerdings schrumpft es nach dem Biegen in Längsrichtung, worauf ich mich erst einstellen musste.

Ich kann festhalten, dass meine Erfolgsrate mit dem Biegen steigt, wenn das Holz entweder frisch oder sachgemäß luftgetrocknet ist. Ist das Holz dagegen ofengetrocknet oder handelt es sich um bereits gebrauchtes Holz, lege ich es normalerweise erst für ein oder zwei Tage in Wasser. Die schlechtesten Ergebnisse erzielt man mit Holz, das falsch gelagert wurde und infolgedessen stark verrottet oder von Pilz befallen ist – etwas, das nicht immer offensichtlich ist, bis man beim Biegen feststellen muss, dass es spröde ist: Das bedeutet dann, dass sich winzige Mikroorganismen an dem Lignin gütlich getan haben, das das Holz zusammenhält.

DIE HOLZFASER

Die Faserrichtung des Holzes ist der wichtigste Grundstein in der Wissenschaft des erfolgreichen Dampfbiegens, insbesondere, wenn keine maschinellen Biegeverfahren verwendet werden. Wie Sie feststellen werden, ist Holz kein durchgehend gleich strukturiertes Material – es weist immer stärkere und schwächere Bereiche auf. Am stärksten ist es dort, wo die Faser gerade und parallel zur Schnittkante verläuft, und am schwächsten dort, wo es die größte „Faserneigung" aufweist, d. h., dort, wo die Faserrichtung am wenigsten parallel zur Schnittkante verläuft, weil dieser Teil des Baumes nicht gerade gewachsen war oder dort Äste abzweigten. Für die meisten Holzwerker sind leichte Abweichungen unwichtig und verleihen dem Holz sogar seinen Charakter, aber für uns sind sie ein wesentlicher Faktor. Das erhitzte Holz bietet den geringsten Widerstand dort, wo die Abweichung am stärksten ist. Unsere Aufgabe ist es, dies zu erkennen und entsprechend zu handeln, indem wir das Holz während des Biegens abstützen und festspannen; nur so lässt sich verhindern, dass die Schwachstellen nachgeben und etwa zu Rissen führen. Wir sollten schon im Vorfeld einplanen, den Teil des Holzes mit dem geradlinigsten Faserverlauf an die engste Stelle der Biegung zu legen.

Bei extremen Biegeradien, zum Beispiel in einem Verhältnis von unter 1:10 Dicke zu Radius, oder, wenn Zweifel hinsichtlich der Holzqualität bestehen, empfiehlt sich die Verwendung eines Kompressionsgurtes. Die Grenze, zu der ich normalerweise rate, liegt bei etwa 1:5; jedoch sind bei den richtigen Vorkehrungen mit wirklich fasergerader Esche, Eiche, Ulme oder Eibe Ergebnisse im Verhältnis von 1:2 oder noch extremer durchaus im Bereich des Möglichen.

Dampfbiegen von Holz ist sowohl eine Kunst als auch eine Wissenschaft und in meinen Augen unendlich faszinierend. Selbst der Bruch eines

Werkstücks wird in meiner Werkstatt selten als etwas Schlechtes angesehen, denn an einem solchen Drama gibt es auch immer etwas zu lernen – und dieser immer weiterführende Lernprozess ist es, der mich (neben der Aussicht auf tolle Produkte) vom Holzbiegen nicht mehr loskommen lässt.

GLOSSAR

Nachfolgend werden fachliche Begriffe und Werkzeuge erläutert, die in diesem Buch verwendet werden.

KLEMMEN UND ZWINGEN

Hilfsmittel oder Vorrichtungen, mit denen das Holz während der Bearbeitung fixiert und gehalten wird. Wir werden uns dabei nach Möglichkeit an Keile halten, weil sie effektiv, schnell einsetzbar und kostengünstig sind. Aber auch auf Schraubzwingen können wir nicht verzichten. Alle Zwingen, egal welcher Form, auch hochwertige Schnellspannzwingen, sind zum Dampfbiegen geeignet. In unserer Werkstatt gibt es zwei Arten: „die Guten" und „die Billigen". „Die Guten" (Industrie-Schraubzwingen, die oft etwas teurer sind) werden für die eigentlichen Biegearbeiten verwendet und „die Billigen" (kleine G-Zwingen oder Schnellspanner), um das Holz nur eben zu halten oder für Arbeitsgänge, die weniger Spannkraft verlangen.

DRUCKVERSAGEN

Dies tritt auf, wenn sich das Holz auf der Innenseite der Biegung abspaltet. Auch bei Verwendung eines Kompressionsgurtes können sich am Innenradius kleine Quetschfalten zeigen, die sich aber von Hand oder mit der Maschine wegschleifen lassen. In einem solchen Fall handelt es sich nicht um Druckversagen, da die Integrität der Holzstruktur insgesamt intakt bleibt. Versagen liegt vor, wenn sich ein Teil des Holzes tatsächlich vom Rest ablöst, was dann oft zu einer unerwünschten Form der Biegung führt. Lösungen für ein Versagen der Druckfestigkeit bestehen normalerweise in der Wahl einer anderen Holzart, dem Anbringen von mehr Klemmen, dem Nachlassen der Gurtspannung oder dem Ändern Ihres Entwurfs zugunsten einer gemäßigteren Krümmung.

DIE FASERRICHTUNG

Die Faserrichtung bezeichnet die Längsanordnung der Holzfasern oder das daraus resultierende Muster der Maserung. Für möglichst einfaches Dampfbiegen sollten die Fasern so gerade wie möglich ausgerichtet sein, also die auf der Holzoberfläche erkennbaren Linien so parallel wie möglich zum Holzquerschnitt verlaufen. Bei Abweichungen spricht man von Faserneigung.

BIEGESCHABLONE

Eine Form, mit der das erhitzte Holz auf seine vorherbestimmte Krümmung gebracht wird. Biegeschablonen können jede Form und Größe haben; sie werden sowohl zum Biegen und Verdrehen, als auch zum Einspannen des Holzes eingesetzt. Als Biegeform können wir manchmal Alltagsgegenstände, wie Kaffeebecher, Autoreifen, Töpfe usw. verwenden, für spezielle Aufgaben werden wir aber Schablonen aus Holz oder Metall anfertigen. Wenn Sie sich vorstellen, wie ein gebogenes Objekt fertig aussehen „könnte", so ist die Form der Biegeschablone (oder dessen, was Sie für diese Aufgabe auswählen) das Resultat des „rückwärtsgerichteten" Nachdenkens darüber, was zum Erlangen dieser Biegung nötig ist. Freilich ist nicht immer gesagt, dass Sie mit Ihrer gewählten Form auf Anhieb richtig liegen!

FASERNEIGUNG

Dieser Begriff beschreibt eine Abweichung der Holzfaser vom Parallelverlauf zum Holzquerschnitt. Fast jeder Holzschnitt weist einen gewissen Grad an Faserneigung auf, das kann von „ziemlich viel" reichen, wenn die Fasern an einem großen Teil des Holzes schräg verlaufen (dann ist das Holz zum Dampfbiegen nicht korrekt geschnitten oder der Teil des Baumes war gebogen, verdreht oder weist Äste oder Astknoten auf), bis zu „extrem viel", etwa bei einem Neigungswinkel von mehr als 20°, was das Biegen ohne Bruchgefahr erschwert und den möglichen Biegeradius einschränkt.

DAMPFKAMMER

Ein Kasten, ein Rohr oder ein Behälter, in dem zum Erwärmen des Holzes Dampf erzeugt wird. Eine Vielzahl von Konstruktionen ist denkbar: aus Schaumstoff- oder Kunststoffplatten, aus Sperrholz, Edelstahl oder Aluminium mit unterschiedlichen Isolierungen. Passt das Holz nicht in Ihre Dampfkammer, kann man auf einen „Dampfsack“ ausweichen, in dem sich auch große Bretter, vorgebogene sperrige Holzformen oder einfach größere Holzabschnitte dämpfen lassen. Wir werden in diesem Buch einige Arten von Dampfkammern kennenlernen, auch das Erwärmen in der Pfanne oder der Mikrowelle gehören dazu. Solange das Holz darin auf den Siedepunkt erhitzt werden kann, erfüllt Ihre Dampfkammer ihren Zweck.

DAMPFERZEUGER

Ein Gerät zum Wasserkochen und Erzeugen des Dampfes, der in der Dampfkammer benötigt wird. Sowohl Wasserkocher, Schnellkochtöpfe, Teekessel oder Campingkocher lassen sich für diesen Zweck umfunktionieren. Ein elektrischer Dampfreiniger wäre eine im Handel erhältliche Lösung, die sehr praktisch, wenn auch nicht unbedingt am effizientesten ist. Ein regulierbarer Dampferzeuger, zum Beispiel ein Schnellkochtopf auf einem Gasherd, bietet Vorteile hinsichtlich des Energieverbrauchs, da er aufgrund der guten Isolierung wenig Energie benötigt, um die erforderliche Temperatur zwischen einzelnen Arbeitsgängen aufrechtzuerhalten. Andererseits müssen Sie jedoch die Leistung erhöhen, sobald Sie den Deckel geöffnet haben, um den entwichenen Dampf und die verlorene Wärme wieder zu ersetzen.

KOMPRESSIONSGURT

Dabei handelt es sich um ein Stahlband, das vor dem Biegen um den „Außenradius“ des Formholzes gespannt wird, um zu verhindern, dass die Holzfasern durch das Biegen absplittern. In diesem Buch verwenden wir Bänder aus 1 mm starkem Edelstahl, den wir von unserem Stahllieferanten fertig zugeschnitten beziehen. (Man muss normalerweise eine halbe oder ganze Stahlplatte abnehmen, die aber mit professionellen Schneideverfahren in die bestellte Breite zugeschnitten wird. Auch im Internet können Sie diese bestellen). Federstahl, Baustahl und verzinkter Stahl in Stärken von bis zu etwa 3 mm sind ebenfalls geeignet, für größere Biegeradien auch Verbundplatten aus Glasfaser oder Edelstahldrahtgewebe. Da der Zweck des Bandes darin besteht, das Stauchen und Verdichten der Holzfasern während des Biegens zu erzwingen, sind Materialien, die sich selbst auch nur minimal dehnen, keine Option. Abzuraten ist von Nylon-Ratschenbändern und Aluminium, beide sind dehnbar. Es gibt verschiedene Arten, das Holz in das Band zu spannen, es kommen Zwingen, verstellbare Endstücke mit Gewinde und hydraulische Methoden in Betracht. In diesem Buch kommen Keile zum Einsatz.

ZUGVERSAGEN

Dies bezeichnet den Bruch des Holzes an der Außenseite der Biegung, wo das Holz eine Streckung erfährt. Rezepte gegen Zugversagen sind unter anderem: besseres Holz, Verwendung eines Kompressionsgurtes oder stärkeres Spannen des Kompressionsgurtes oder das Abändern Ihres Entwurfs hin zu einem größeren Biegeradius.

AM LAGERFEUER

STELLEN SIE SICH VOR, *Sie unternehmen einen Ausflug in die Vergangenheit, in eine Zeit, bevor sich die Menschen in Städten niederließen und noch bevor sie Metall bearbeiteten. Ich denke da an eine Zeit, als die Menschen in kleinen Grüppchen lebten und nicht mehr waren, als eine besondere Art von Tier, das es verstand, mit Holz Feuer zu entfachen. Umgeben von wilden Kreaturen stellten wir uns sozusagen unsere eigenen Klauen und Zähne her, wir jagten mit scharfkantigen Steinen, und Wissen war Macht. Es war das Anfertigen von Werkzeug, das uns von den übrigen Lebewesen unterschied, und Feuer war ein wichtiges Element in diesem Prozess.*

Sicher haben Sie schon einmal an einem Lagerfeuer gesessen und wissen daher, wie unwiderstehlich es dazu verleitet, mit Ästen darin herumzustochern, und wie es zischt und knistert, wenn sich die Borke aufwirft, bevor sie in Flammen aufgeht. Ich bin mir sicher, dass der frühe Mensch mit seiner aufkeimenden Kreativität und seinem innigen Wissen vom Feuer auch wusste, wie man Holz mit Feuer biegt, wie man die Äste erhitzen muss, um den Pflanzensaft in der Borke zum Sieden zu bringen, bevor man sie dann schnell in eine gewünschte Form bringen kann. Viele nützliche und dekorative Gegenstände könnten so für das tägliche Leben entstanden sein.

Somit denke ich, dass ein Lagerfeuer ein toller Ausgangspunkt für Ihre Erkundung des Dampfbiegens ist. Die Reise durch dieses Buch wird Ihnen einzigartige Einsichten über Holz verschaffen, deren Sie sich vielleicht vorher wenig bewusst waren, und obendrein die Erkenntnis, dass Sie, genau wie der frühe Mensch, mit nur sehr wenigen Werkzeugen auskommen.

THEMA SICHERHEIT

Dämmen Sie das Feuer mit einem Spaten ein – nebenbei hilft er auch dabei, die Glut über das Holz zu geben. Halten Sie für den Notfall immer einen mit Wasser gefüllten Eimer bereit.

KLEIDERBÜGEL

Dieses Projekt geht auf eine Installation zurück, die ich für eine Ausstellung zum Thema „Der zivilisierte Mensch“ gemacht habe. In einer Ecke der Kunstgalerie baute ich einen kleinen Hain um eine Feuerstelle, voll mit verkohltem Holz und Asche, auf einem weißen Sockel. Es lagen gebogene Äste in der Asche – kein Zweifel, hier war jemand am Werk gewesen – und auf einem nahen Zweig hingen in Reih und Glied lauter Kleiderbügel. Es sollte bizarr und komisch wirken, dass in dem präsentierten Szenario ein Mensch das Bedürfnis haben sollte, seine Kleider ordentlich aufzuhängen, ein Bild, das für mich den Inbegriff zivilisierten Verhaltens ausdrückte. Ein solcher Kleiderbügel ist mit ein wenig Übung in nur etwa fünf Minuten gemacht und sehr gut verwendbar und langlebig. Sie können ihn im Naturzustand belassen oder noch anmalen oder durch Schnitzen verschönern, bevor er seinen Dienst in Ihrem Kleiderschrank antritt.

DAS BRAUCHEN SIE:

- Holz (siehe „Holz auswählen“)
- Säge oder Astschere
- Baumstumpf oder ebene Fläche (z. B. ein Brett) zum Hineinbohren oder Nägel einschlagen
- Hammer und Nägel oder Schraubenzieher und Schrauben
- feuerfeste Handschuhe (Leder)
- Schnur, Zwirn oder Draht
- Kneifzange
- Acrylfarbe, Danish Oil oder anderes Holzöl zur Versiegelung

HOLZ AUSWÄHLEN

Holz für das Feuer Gebraucht wird ein Feuer aus kleinen Holzstücken, die innerhalb etwa einer halben Stunde zu Holzkohle herunterbrennen; große Stücke brauchen zu lange. Das Holz sollte nicht zu feucht sein. Sie könnten auch handelsübliche Grillkohle nehmen, die zudem den Vorteil hat, dass sie die Hitze länger hält.

Holz für die Biegeform Gebraucht wird ein runder Ast von etwa 5 cm Durchmesser. Ich habe Haselstrauchäste verwendet; da sie in der Mitte hohl sind, habe ich mir das Bohrloch zum Annageln gespart. Auch Rundholzstäbe aus dem Baumarkt oder runde Sperrholzscheiben sind geeignet.

Holz für die Kleiderbügel Verwenden Sie frische Äste, die maximal daumendick, etwa 1 m lang und gerade gewachsen sind. Stockausschlag (neue Triebe, die wie dichte Büsche aus abgeschlagenen Stämmen sprießen) von Esche, Hasel, Weide, Buche, Ahorn, Hartriegel oder Erle ist sehr gut geeignet. Unter Umständen kommen auch andere Zweige in Betracht; am besten testen Sie das im Feuer aus.

DAS FEUER

Zünden Sie einen relativ großen Haufen kleiner Holzstücke an, der großzügig Kohle ergibt. Wir verwenden hier die Grillschale aus meiner Werkstatt, aber ein normales Lagerfeuer tut es genauso.

DIE BIEGEFORM

Schneiden Sie fünf Astscheiben von etwa 5 cm Durchmesser und 3 cm Länge. Sind Ihre Scheiben innen massiv oder verwenden Sie Rundholzstäbe oder Sperrholz, spart es später Zeit, schon am Anfang Löcher in die Mitten zu bohren, die etwas größer sind als Ihre Nägel oder Schrauben. Arrangieren Sie die fünf Scheiben auf einer ebenen Fläche zu einer „Schablone" für die gerundeten Kanten des Kleiderbügels; orientieren Sie sich dabei, falls nötig, an einem vorhandenen Kleiderbügel. Nageln oder schrauben Sie die Scheiben fest auf den Untergrund. Die Proportionen können von dem abgebildeten Beispiel abweichen, nur muss die Anordnung symmetrisch sein, damit der Bügel später gerade hängt.

①

②

③

④

SO GEHEN SIE VOR:

1 Halten Sie das dickere Ende Ihres Astes zum Erhitzen in das Feuer: dabei bitte Schutzhandschuhe tragen! Mit dem Spaten häufen Sie glühende Kohlen darüber.

Dann warten Sie auf das Geräusch. Da Sie das Holz nicht sehen können, denn es ist ja von heißen Kohlen bedeckt, erkennen Sie am Ton, wann es soweit ist. Sie wollen, dass der Pflanzensaft im frischen Ast kocht, ohne dass der Ast Feuer fängt. Hören Sie ein Knistern, ein Zischen oder auch nur einen hohen Pfeifton, zeigt das an, dass der brodelnde Pflanzensaft in Form von Dampf durch die aufplatzende Borke entweicht. Sobald dieser Prozess begonnen hat, warten Sie bei einem dickeren Ast zehn Sekunden oder bei einem dünneren fünf, und nehmen ihn dann aus dem Feuer. Legen Sie den Ast ohne Verzögerung um die oberste Scheibe Ihrer Biegeschablone, die den Bügelaufhänger ergibt.

2 Pressen Sie das Holz so fest gegen die Form, dass es sich in einer geschmeidigen Kurve so eng an die Biegeschablone anlegt, dass es keinen Bewegungsspielraum mehr hat. Es ist gut, wenn sich die spröde, verkohlte Rinde von der Biegestelle abschält und das weiße Holz darunter zum Vorschein kommt.

3 Fixieren Sie den Bogen mit Draht und lassen Sie das Drahtende 10 cm lang stehen, denn es wird später noch gebraucht. Schälen Sie mit den Fingern die Borke ab, sobald sie nicht mehr zu heiß zum Anfassen, aber noch warm ist.

4 Legen Sie das Holz zurück ins Feuer und erhitzten Sie die Stelle mit dem nächsten zu formenden Abschnitt. Wiederholen Sie dann das oben beschriebene Vorgehen an der nächsten Station der Biegeschablone. Gehen Sie weiter so vor und formen Sie nach und nach den Ast an der Biegeschablone, bis der Kleiderbügel seine vollständige Form erhalten hat (siehe Abbildung auf Seite 24). Für die ersten Bügel brauchen Sie vielleicht 15 Minuten oder etwas länger, bis Sie den Dreh schließlich heraushaben. Der schwierigste Teil ist, meiner Meinung nach,

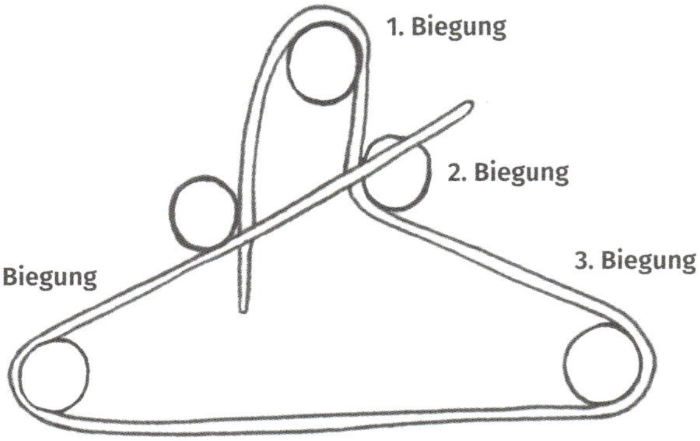

die Befestigung des zweiten Drahtes am Hals des Bügels, der Rest ist nicht mehr schwer.

5 Lassen Sie das Holz über dem Feuer trocknen, bevor Sie die Drähte entfernen. Schälen Sie zumindest an den Biegestellen die Rinde vollständig ab, denn sie ist wasserundurchlässig und das Holz braucht darunter lange zum Trocknen. Knicken Sie die lang gelassenen Drahtenden so ab, dass sie den Bügel wie Füße mit einigem Abstand aus dem Feuer halten, denn Feuer fangen soll er ja nicht. Nach 20 Minuten nehmen Sie den Bügel heraus und lassen ihn abkühlen, erst dann entfernen Sie den Draht. Sie werden staunen, wie fest und stabil der Bügel jetzt ist. Der Draht kann wiederverwendet werden. Wenn Sie etwa fünf Minuten für einen Bügel brauchen, ist es sinnvoll, viermal die benötigten Drahtlängen vorzuschneiden, damit immer drei Bügel gleichzeitig trocknen können.

Die Endbearbeitung ist Ihnen überlassen. Ich habe das Holzende mit Draht angebunden, aber dekorative Schnur oder Zwirn sehen auch hübsch aus, und wenn das Holz dick genug ist, könnten Sie auch einen kleinen Holzdübel verwenden. Der Bügel kann mit einem Ritzmuster versehen, glattgeschliffen, angemalt oder geölt werden. Ich setze gern die Rinde und die nackten Holzteile mit ein paar Schnitten deutlich voneinander ab oder tauche einzelne Abschnitte in wasserbasierte Dispersionsfarbe, wie es gerade Trend ist.

5

Ein hundertprozentig
umweltfreundlicher
Kleiderbügel – was fällt
Ihnen noch ein, um den
Wald bewohnbar
zu machen?

RANKHILFE FÜR PFLANZEN

Kürzlich war ich in einem großen Baumarkt und konnte es kaum glauben, dass offenbar viele Leute bereit sind, für eine „Natürliche Rankhilfe" in Form eines Ständers aus dünnen Metall- oder Plastikstreben, die wie Äste aussehen (made in China), Geld auszugeben. Das Gartenjahr folgt einem natürlichen Rhythmus und unsere handwerklichen Aktivitäten können wir mit dem, was sowieso gerade passiert, in Einklang bringen, ganz im Sinne des ökologischen Gartenbaus. Im Frühjahr wird der Garten angelegt und vorbereitet: oft wird zurückgeschnitten und der Gärtner räumt verholzte und tote Zweige weg, um sie später zu verbrennen. Es ist auch im Frühjahr, dass der Gärtner die „Natürliche Rankhilfe" und ähnliche Gerüste zum Abstützen von Bohnen, Clematis und Erbsen braucht, damit sie sich dem Himmel entgegenstrecken können. Dieses Projekt nutzt sowohl Schnittholz als auch Gartenfeuer und macht großen Spaß. Naturgemäß ist eine Vielzahl verschiedener Gestaltungsformen möglich, ganz nach eigenem Geschmack und vorhandenem Holz. Ein Feuer macht es möglich, für einen zeitgemäßen rustikalen Look dickes Holz zu biegen, dünneres Holz lässt sich auch einfach ohne Feuer biegen.

DAS BRAUCHEN SIE:

- Holz (siehe „Holz auswählen")
- Säge oder Astschere
- Spaten
- feuerfeste Handschuhe (Leder)
- altes Handtuch oder Lappen
- Schnur, Zwirn oder Draht

HOLZ AUSWÄHLEN

Holz für das Feuer Nutzen Sie die Gelegenheit, auszudünnende Äste und Schnittgut aus dem Vorjahr loszuwerden, wenn Sie dies im Garten machen. Das Feuer muss relativ breit angelegt sein und eine Längsausdehnung von mindestens 80 cm haben.

Holz für die Rankhilfe Bewahren Sie die am besten geeigneten Äste vor dem Verbrennen: Es sollte frisches, noch lebendes Hartholz sein; Esche, Haseln und Weide sind besonders geeignet. Wählen Sie die längstmöglichen Gerten. Mehrere biegsame Äste von etwa 2 m Länge oder länger benötigen Sie für die Halteringe und zwei etwas dickere Äste für die Senkrechtstreben von idealerweise 4 m Länge, aber wenn nötig, können Sie auch nach dem Biegen Teile zum Verlängern ansetzen.

DIE BIEGEFORM

Dafür bietet sich ein Baumstamm mittlerer Dicke an. Es empfiehlt sich, den Stamm mit einem alten Handtuch oder Lappen zu umwickeln, damit die Hitze des zu biegenden Astes den Stamm nicht schädigt. Auch eine andere Rundform von annähernd passendem Durchmesser, ein Pfosten oder ein einbetoniertes Pflanzgefäß können dazu dienen.

DAS FEUER

Ein großer Haufen kleiner Zweige brennt schneller zu der benötigten Glimmkohle herunter als wenige große Scheite.

DIE HALTERINGE

Winden Sie einen dünnen Ast zu einem großen runden Kranz, indem Sie die Enden immer wieder umeinander flechten. Sie benötigen einen Ring, dessen Durchmesser etwas größer ist als Ihre Biegeform sowie einen zweiten von etwa 1 m Durchmesser.

1

2

3

4

SO GEHEN SIE VOR:

1 Bilden Sie mit dem Spaten eine Furche in Ihrem Feuer, in der Sie Ihre Äste gut erhitzen können. Legen Sie einen dicken Ast, den Sie für den Standrahmen vorgesehen haben, in das Feuer; tragen Sie dabei Handschuhe. Eventuell müssen Sie den Ast mit dem Spaten runterdrücken.

2 Warten Sie auf das Zischen oder Knistern und zählen Sie dann bis 20, danach nehmen Sie den Ast aus dem Feuer.

3 Legen Sie ihn sofort um Ihren Baumstamm bzw. um Ihre Biegeform. Ziehen Sie ihn unter starker Spannung um den Stamm, damit sich der Ast rund legt und nicht knickt, und biegen Sie ihn weiter und weiter um die Form, bis Sie einen Halbkreis von 180° erhalten haben. Besser geht das, wenn zwei Personen ziehen.

4 Schieben Sie den Ast zum Abkühlen mit der Biegestelle voran in den kleineren Ring: er hält dabei die gebogene Stelle weiter unter Spannung.

5 Wiederholen Sie alle Schritte mit einem zweiten Ast und schieben Sie diesen, kreuzweise bis unter den ersten gebogenen Ast, ebenfalls in den kleinen Ring: Die Rankhilfe ist schon fast fertig. Schieben Sie noch den großen Ring über das Gerüst und schneiden Sie die Beine gleichmäßig ab, damit Ihre Rankhilfe senkrecht steht.

Zum Abschluss können Sie die Ringe mit Schnur am Rahmen befestigen. Ich finde, es sieht schön aus, wenn man einfach nur die gebogene Krone von der Rinde befreit und sauber putzt. Rammen Sie die Astenden in den Boden und pflanzen Sie Bohnen, Erbsen, Clematis oder andere Kletterpflanzen um diese schöne Rankhilfe herum.

KUPPEL

Bei der Kuppel handelt es sich um die „Waldversion" einer dampfgebogenen Struktur, die wir für Messen anfertigen und auch schon für leicht auf- und abbaubare Zeltunterkünfte bei Workshops und außerschulischen Aktivitäten genutzt haben. Diese Kuppel ist unsere Schnell- und Leichtbauzelle. Das Gerüst ist extrem einfach anzufertigen und lässt sich vielen Verwendungszwecken anpassen, es kann ein toller Unterschlupf sein, ein Riesenfußball oder ein Pflanzenspalier. Da wir alle Einzelteile vor dem Zusammenbau biegen werden, ist es wichtig zu wissen, dass Holz, das einmal in eine bestimmte Form gebogen wurde, in gerader Form gelagert werden und dann, solange der Trocknungsprozess nicht schon zu weit fortgeschritten ist, trotzdem ohne Bruchgefahr in die gleiche Form zurückgebogen werden kann. Für dieses Projekt nutzen wir als Dampferzeuger und zum Erwärmen des Holzes ein „Feuerrohr", das sich einfach als Metallrohr mit verstopftem Ende darstellt. Diese Siedemethode gehört zu den einfachsten überhaupt und ist zumindest wesentlich einfacher zu handhaben, als das zuvor beschriebene Erhitzen über offenem Feuer, da man sich nicht darum sorgen muss, dass das Holz Feuer fangen könnte. Der Durchmesser des Rohres sollte unter Berücksichtigung von Knoten und Astbiegungen zum dicksten Holzstück mindestens 50 mm Spiel lassen. Sie machen es sich einfacher, wenn alle Holzstücke die gleiche Länge haben, und zwar ein wenig länger als das Rohr selbst. Das Feuerrohr hätte auch bei den vorigen beiden Projekten zum Einsatz kommen können, genauso wie bei anderen Projekten in diesem Buch.

DAS BRAUCHEN SIE:

- Holz (siehe „Holz auswählen")
- Metallrohr, etwa 1,5 m lang, mind. ø 10 cm, mit geschlossenem Ende (bei den meisten Eisenwarenhändlern, in Metallbetrieben oder Autowerkstätten bestellbar – es muss nur ein Schweißgerät vorhanden sein)
- Säge, Axt oder Hippe (sichelförmiges Messer)
- Vorschlag- oder Gummihammer
- 60 Stücke Zwirn oder Schnur, je 1 m lang, mit Schlaufe an einem Ende
- dicken Draht und Drahtschere
- altes Handtuch oder Lappen
- feuerfeste Handschuhe (Leder)

HOLZ AUSWÄHLEN

Holz für das Feuer Ein Mix aus verschiedenen Größen, darunter auch dickere Äste, um das Feuer lange am Brennen zu halten.

Holz für die Kuppel 30 gerade Äste, alle etwa 10 cm länger als das Metallrohr.

Holz für das Abstützen des Feuerrohrs zwei gegabelte Äste von gleicher Größe, etwa 1 m lang.

Holz für die Biegeform vier kräftige Äste von etwa 1 m sowie ein Ast von etwa 30 cm Länge.

INSTALLATION DES DAMPFERZEUGERS

Entzünden Sie das Feuer und stellen Sie das Rohr hinein. Konstruieren Sie wie abgebildet, mithilfe der gegabelten Äste, einen Dreifuß, wobei das Rohr einen Neigungswinkel von 45° aufweisen sollte. Der Aufbau dieser Art von Dampferzeuger verlangt absolut sichere Standfestigkeit, befestigen Sie daher die Konstruktion so sicher mit Draht, dass sie sich während des Arbeitens nicht bewegen kann. Verwenden Sie zu diesem Zweck weder Kunststoffleine noch Seil: diese könnten wegen der Nähe des Feuers schmelzen oder in Brand geraten.

Gießen Sie 1–2 Tassen Wasser in das Rohr und schieben Sie Ihren ersten Ast ein. Legen Sie dann zum Verschließen des Lochs direkt das Handtuch oder den Lappen über den Auslass des Rohres und um das Holz.

THEMA SICHERHEIT

Erreicht das Wasser den Siedepunkt, kann es aus dem Rohr herausschießen. Das ist normal ist, verschließen Sie daher die Rohröffnung fest mit einem Tuch, damit niemand von kochendem Wasser verletzt wird.

DIE BIEGEFORM

Schlagen Sie die 1 m langen Äste im Abstand von etwa 30 cm in gerader Linie in den Boden; das geht mit angespitzten Enden ganz leicht. Das 30 cm lange Stück klemmen Sie quer zwischen die beiden mittleren Pfosten und binden es fest. Binden Sie jeweils das linke und rechte Pfostenpaar mit Schnurschlingen aneinander, die zwar straff halten, aber leicht abnehmbar sind.

SO GEHEN SIE VOR:

1 Nehmen Sie das Holz nach zehn Minuten Dämpfen aus dem Rohr und spannen Sie es um die beiden mittleren Pfosten der Biegeschablone, wobei sich das Holz in diesem Zustand leicht biegen lässt. Sie werden für jeden neuen Ast eine Schnurhalterung abnehmen müssen; legen Sie diese danach gleich wieder um die Pfosten, damit die Spannung erhalten bleibt. Tauchen Sie den nächsten Ast in das Rohr und prüfen Sie daran zunächst, wieviel Wasser noch vorhanden ist. Das Rohr sollte etwa 20 cm hoch mit Wasser befüllt sein; gießen Sie gegebenenfalls Wasser nach und wiederholen Sie den Dampfprozess. Wenn Sie kochendes Wasser aus einem Kessel nachgießen, beschleunigt das die Dampfentwicklung.

2 Der nächste Ast wird in entgegengesetzter Richtung um die Pfosten gespannt: Dadurch werden alle Krümmungen gleich und die Biegevorrichtung bleibt stabil und behält ihre Form. Fahren Sie auf diese Weise fort, bis zehn oder mehr Äste in die Biegeform gespannt sind – es sollen 30 werden, die aber nach und nach angefertigt werden können und auch nicht alle gleichzeitig in die Form passen müssen.

3 Schneiden Sie zwei Stück feste Schnur von 1 m Länge und knoten Sie jeweils eine kleine Schlinge an ein Ende. Sobald Sie einen Ast aus der Biegevorrichtung nehmen, werden diese Schnüre auf jeweils einem Drittel der Länge um den Ast gelegt und festgezurrt. Ich habe mir aus einem separaten Ast einen „Messstab“ vorbereitet, der mir dabei half, alle Äste gleich aufzuteilen.

3

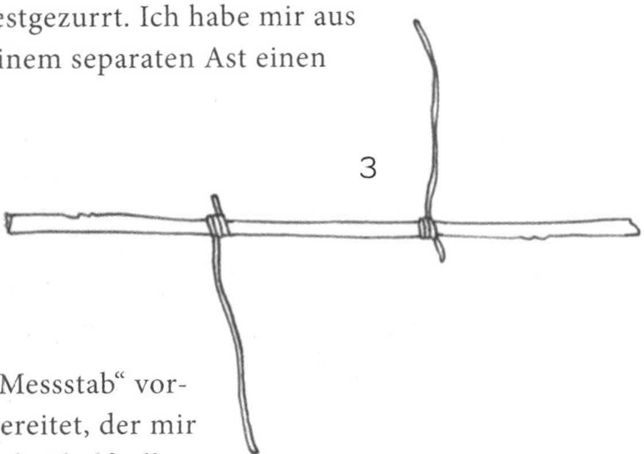

4 Ordnen Sie auf dem Boden drei Äste in Dreiecksform an und zwar jeweils so, dass die Enden immer oben liegen. Umwickeln Sie die Schnittpunkte zum Fixieren mehrmals mit Schnur. Wiederholen Sie das Zusammenstellen der Äste nach diesem Muster, bis Sie ein Fünfeck erhalten, und fahren Sie mit weiteren Dreiecken am Rand des Fünfecks fort. Nach den fünf neuen Dreiecken ergibt sich eine Art große Schüssel in Form eines Sterns. Ergänzen Sie diese Netzstruktur noch einmal um wiederum fünf Fünfecke an den Rändern, dann sind Sie fast fertig. Sie können diese Aststruktur entweder zu einer großen Kuppel umdrehen oder wie gehabt immer weiterführen, bis Sie eine vollständige Kugel haben.

4

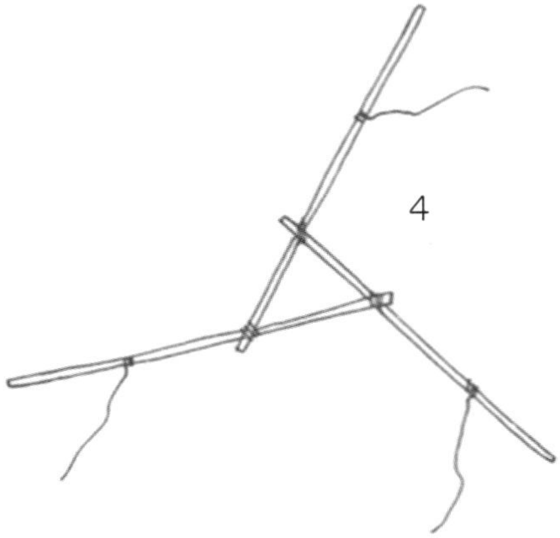

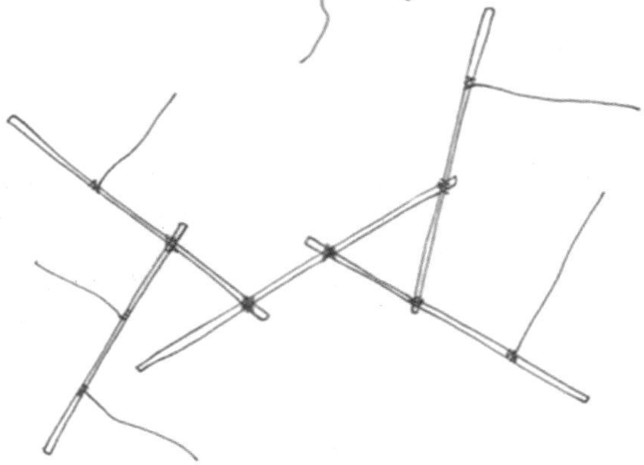

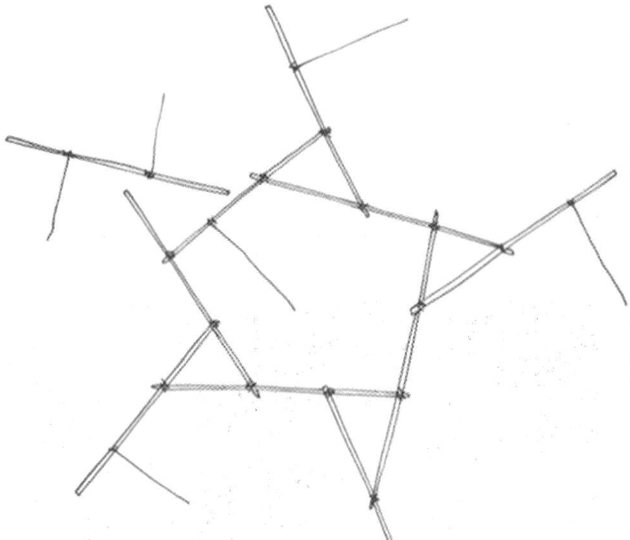

5 Mit einem letzten Satz von fünf Dreiecken lässt sich die Konstruktion zur Kugel schließen! Wollen Sie eine stabilere oder stärker belastbare Konstruktion haben, können Sie anstelle der einfachen Teilstücke mehrere verwenden oder zusätzliche Äste in die Zwischenräume fügen.

2

4

5

IN DER KÜCHE

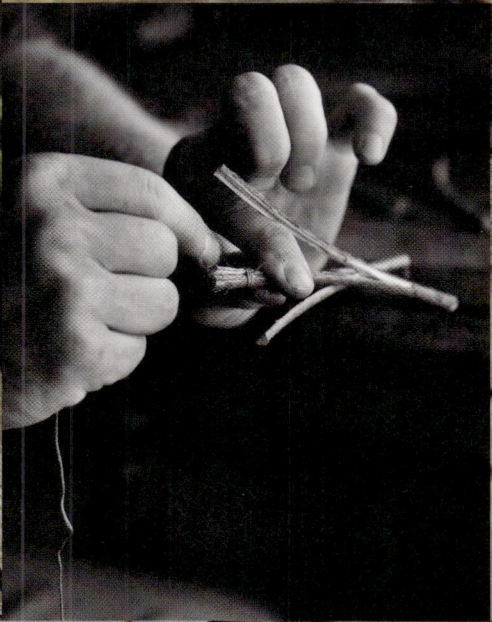

Denby

ICH SITZE, LAPTOP AUFGEKLAPPT, IM ZUG und denke darüber nach, wie ich Ihnen die Vorzüge und Geheimnisse von Holz am besten nahebringen kann. Der Zug ruckelt hin und her, während ich zum Speisewagen schwanke und Tee bestelle. Zusammen mit Zucker und Milch erhalte ich zwei Rührstäbchen von der Art, wie sie mit riesigen Drehmaschinen, die ganze Bäume verarbeiten können, zugeschnitten werden. Bei diesem Verfahren werden dicke Holzscheiben durch eine spezielle Walze geführt, die jede Minute Tausende von Rührstäbchen ausstößt. Die Holzqualität ist oft relativ gut. Als ob ich meinen Zucker verrühren würde, tauche ich die Rührstäbchen in den heißen Tee, warte etwa eine Minute und biege dann eines um eine der Haltestangen, an denen man sich festhalten kann, wenn der Zug plötzlich bremst. Ich halte das Stäbchen für 10 Sekunden fest um die Stange gepresst. Nun wandert das Ende, das zuvor aus dem Tee ragte, in den Tee hinein und erhält die gleiche Behandlung; ebenso wie das zweite Stäbchen. Um den gebogenen Zustand zu bewahren, klemme ich die Stäbchen in den Becherboden; sie dehnen sich so weit aus, wie es ihnen der Becherrand erlaubt. Dann verbrenne ich mir die Finger beim Ausdrücken des Teebeutels, kehre an meinen Sitz zurück und fühle mich etwas albern. Als ich meinen Tee ausgetrunken habe, sind die gebogenen Rührstäbchen getrocknet und fallen heraus. Gegenüber sitzt eine Frau, die auf ihr Telefon schaut, Kopfhörer im Ohr. Ich glaube dennoch, sie hat die Holzstücke bemerkt. Ich klebe beide kreuzweise mit Sekundenkleber zusammen, sodass eine Halterung für ein Telefon daraus wird, und reiche sie ihr. Das bricht das Eis. Sie findet mich seltsam, mag aber den Telefonständer.

Ihre häusliche Umgebung hält viele Möglichkeiten bereit, Ihr Wissen um das Dampfbiegen in nützliche und/oder dekorative Gegenstände umzumünzen. Ihre Küche bietet Ihnen dabei gleich mehrere Wärmequellen. Wenn Sie einen Wasserkocher, eine Mikrowelle, eine Kochplatte oder einen Schnellkochtopf Ihr Eigen nennen, können Sie darin Ihr Holz erhitzen. Schauen Sie sich um: Es gibt bestimmt auch Holz in Ihrer Nähe. Äste und kleine Stämme aus dem Garten eignen sich, solange sie frisch, dünn und gerade sind. Lutscher-, Eisstiele, Rührstäbchen oder Holz von Obstkisten sind auch gut: Suchen Sie nach fasergeradem Hartholz. Grillspieße aus Bambus eignen sich kaum, da sich Bambus nur biegen lässt, solange er grün ist; stattdessen könnten Sie feststellen, dass Ihre alten Holzlöffel bestens geeignet sind! Holz und Furniere können Sie auch im Internet bestellen.

HOLZ ERHITZEN

Dieses Kapitel setzt sich zusammen aus einer Auswahl an Mini-Projekten, die in der Küche durchführbar sind; teilweise können hier auch Kinder mitmachen. Als Dampferzeuger werden wir eine Schmorpfanne von 30 cm Durchmesser verwenden.

Befüllen Sie die Pfanne mit Wasser, bringen Sie es zum Kochen und lassen Sie es bei niedriger Hitze weiter köcheln. Tauchen Sie zum Weichkochen und Dämpfen Ihre Holzstücke vollständig ins Wasser. Gießen Sie ab und zu Wasser nach, damit es nicht verkocht.

Wie bei allen Projekten in diesem Buch können Sie die einzelnen Methoden, Ideen und Modelle nach Ihren eigenen Vorstellungen variieren. Zum Beispiel können Sie die folgenden Projekte genauso mit der Mikrowelle nacharbeiten, oder verwenden Sie die „Dampfschale“ von Seite 72.

THEMA SICHERHEIT

Beim Arbeiten mit heißem Wasser ist Vorsicht geboten. Dieser Teil ist nichts für Kinder! Stellen Sie sicher, dass das Wasser nicht auskippen kann, tragen Sie Handschuhe und nehmen Sie die Holzteile stets nur mit einer Zange aus dem Wasser.

HOLZSCHMUCK

Bisweilen besuchen Leute meine Kurse, die mit einem selbstgemachten Ring oder einem Armband nach Hause gehen möchten. Wenn wir dann die Voraussetzungen dafür durchgehen, müssen sie erkennen, dass es nicht ausreicht, etwas mal eben einfach „in Form zu biegen", denn gedämpftes Massivholz, besonders, wenn es dünn ist, hat bei Zugbelastung oder Feuchtigkeit die Tendenz, die Form wieder zu verlieren. Auch gibt es eine Obergrenze dafür, wie stark man ein Stück Holz biegen kann, bevor es bricht. Deshalb lernen wir Hilfsmittel und Verfahren kennen, die das verhindern.

DAS BRAUCHEN SIE:

- Holz für die Biegeschablone: Leiste oder Holzblock, groß genug für mehrere Bohrlöcher, sowie Ast, circa 10 cm lang, im ungefähren Umfang des gewünschten Rings
- Holz zum Biegen: z. B. dünne, frische Äste, Rührstäbchen oder Eisstiele
- hohe Pfanne, ⌀ 30 cm, zum Erhitzen des Holzes
- Klebeband
- Säge (hier: feine Japansäge)
- Schnitzmesser oder Cutter
- Handschuhe und Grillzange
- wasserfesten schnellbindenden PVA-Kleber (Weißleim) oder Sekundenkleber
- Schleifpapier, Körnung 120 und 240
- Danish Oil oder anderes Holzschutzmittel
- stabile Tassen
- stapelbare Plastikbecher (z. B. Picknickzubehör)
- kleine Holzkugeln o. Ä. für Armband (wahlweise)

MEHRSCHICHT-HOLZRING

ANFERTIGUNG EINER BIEGESCHABLONE

Bohren Sie in eine Holzleiste ein Loch, das minimal größer ist als der Finger, für den der Ring gedacht ist. Wie im Bild zu sehen, haben wir vier Löcher unterschiedlicher Größen vorgesehen. Die Innenseite des Lochs kleiden Sie mit Klebeband aus. Schneiden Sie den 10 cm-Ast am unteren Ende mit dem Schnitzmesser konisch zu, sodass dieses Ende dünner ist als der gewünschte Ring. Das verjüngte Ende umkleiden Sie ebenfalls mit Klebeband.

DAS HOLZ FÜR DEN RING VORBEREITEN

Bei diesem Holz kann es sich um einen Eisstiel oder ein Rührstäbchen handeln, solange der Faserlauf gerade ist. Sicheren Erfolg haben Sie mit einem frischen 7 cm langen Ast, den Sie der Länge nach aufspalten und auf eine gleichmäßige Stärke von etwa 1 mm bringen. Am einfachsten geht das, indem Sie das Holz an einer Tischkante anlegen, das Messer von sich weg zeigend ansetzen und das Holzstück zu sich heranziehen. Während so das Holz fest zwischen

Schneide und Tischplatte liegt, können Sie hauchdünne Schichten von der Holzoberfläche abtragen. Die Enden schrägen Sie spitz ab.

RING – SO GEHEN SIE VOR:

1 Erwärmen Sie das Holz für 1 Minute in einer Pfanne (siehe Seite 44). Sobald es weich ist, wickeln Sie es zügig um den konisch zugespitzten Ast der Größe, die der Ring haben soll. Wenn sich dabei Fasern ablösen, ist das nicht schlimm. Sie können den Ring retten, indem Sie den Teil, der sich abgelöst hat, vollständig abziehen, das Holz dünner schneiden und den soeben beschriebenen Vorgang wiederholen.

2 Pressen Sie die Holzspirale in das entsprechende Bohrloch Ihrer Schablone, geben Sie etwas Leim auf die Ringränder und drücken Sie, bevor der Leim angezogen hat, den zugespitzten Holzstab in den Ring hinein. Unter seinem Druck wird der Ring gedehnt und gegen die Wand des Lochs gepresst.

KNOTENARMREIF – SO GEHEN SIE VOR:

1 Wählen Sie Ihr Holz. Am einfachsten lässt sich der Armreif aus einem dünnen Ast von etwa 45 cm Länge herstellen, den Sie der Länge nach aufspalten und in der Mitte abflachen, während er an den Enden dicker wird. Sie können auch aneinandergeklebte Eisstiele verwenden, die vielleicht sogar noch einen sentimentalen Erinnerungswert an einen ganz besonderen Sommertag in sich bergen; denken Sie jedoch daran, dass der Faserlauf gerade sein muss.

Erhitzen Sie das Holz für fünf Minuten in der Pfanne (siehe Seite 44). Sie werden es sanft im Halbkreis biegen müssen, um es vollständig in der Pfanne untertauchen zu können.

3 Ist der Leim ausgehärtet, klopfen Sie den Ring sanft aus der Form und bringen ihn mit Sandpapier oder dem Schnitzmesser vorsichtig in die gewünschte endgültige Form.

SICHERHEIT
Bei Arbeiten mit dem Messer ist besondere Vorsicht geboten. Die Daumenhaltung wie rechts im Bild erhöht die Kontrolle über die Bewegung und verringert die Abrutschgefahr.

2 Wählen Sie eine Tasse oder einen Plastikbecher, und biegen Sie das aufgeweichte Holzband darum herum. Der Becher ist am Boden am stabilsten, nutzen Sie daher diesen Bereich, wenn er die richtige Größe hat. Während das Holz noch heiß ist, brechen Sie so die Ligninverbindungen auf und können das Holz solange hin- und herbiegen, um ihm die richtige Form zu geben, bis es trocken ist. Wenn Sie Eisstiele verwenden, können Sie eine ziemlich gute Krümmung bis in die Enden erreichen, indem Sie das noch heiße Holz fest zwischen zwei ineinander stapelbare Becher oder Tassen einspannen.

3 Legen Sie das Holzband zu einem Knoten. Ziehen Sie den Knoten bis auf die endgültige Größe des Armreifs fest. Eisstiele können Sie mit Sekundenkleber aneinanderfügen, solange sie noch leicht feucht sind, und dann den Knoten knüpfen.

4 Trocknen Sie das Holz entweder tagsüber auf einer sonnenbeschienenen Fensterbank oder über Nacht auf der Heizung. Anschließend können Sie das Holzband fest zusammenkleben, oder, wenn der Reif zum Aufbiegen sein soll, kleben Sie Holzkügelchen an die Enden, damit er sich beim Tragen nicht von allein öffnet.

Holzkugeln, die Ihren Armreif geschlossen halten, finden Sie im Internet. Spitzen Sie die Enden des Holzbandes zu, bohren Sie passende Löcher in die Kugeln und stecken Sie beides zusammen.

4

WEIHNACHTSDEKORATION

Dieser Christbaumschmuck ist leicht herzustellen und bietet viele Variationsmöglichkeiten. Um Ihnen für den Anfang ein paar Anregungen zu geben, folgen hier ein Stern, ein Weihnachtsbaum, ein Herzanhänger und eine Gliederkette. Diese kleinen Objekte führen in die höhere Kunst des Dampfbiegens ein, denn hier kommen weiterführende Techniken zum Einsatz, wie wir sie bei größeren Aufträgen anwenden. Sie können den Weihnachtsschmuck nach Ihrem eigenen Geschmack anmalen oder anderweitig dekorieren – und wenn auf Ihrem Herd noch eine Platte für heißen Kakao frei ist, um Sie bei Laune zu halten, wird es bestimmt nicht bei einem Modell bleiben!

DAS BRAUCHEN SIE:

- Holz zum Biegen: dünne, verholzte, frische Hartholzäste, etwa Esche, Hasel, Bergahorn oder Buche
- hohe Pfanne, ø 30 cm, zum Erhitzen des Holzes
- Säge (hier: feine Japansäge) oder Gartenschere
- Schnitzmesser oder Cutter
- Handschuhe und Grillzange
- wasserfesten schnellbindenden PVA-Kleber (Weißleim) oder Sekundenkleber
- Schleifpapier, Körnung 120 oder 240
- Danish Oil oder anderes Holzschutzmittel
- Zierfaden, Wolle oder Blumendraht
- Schere
- ausrangierte, stabile Tassen oder Porzellan- oder Plastikbecher

STERN

1 Sie benötigen dünne, gerade Äste von etwa 20 cm Länge und 1 cm Dicke. Mit verschiedenen Längen können Sie Sterne unterschiedlicher Größen und mit unterschiedlich vielen Zacken herstellen. Aus einem Ast werden jeweils zwei Sternspitzen, hier haben wir zum Beispiel zwei und einen halben Ast für einen fünfzackigen Stern verwendet. Spalten Sie die Äste entlang der Mitte, bis auf etwa 5 cm am Ende. Sollte sich der Ast vollständig spalten, können Sie ihn für den letzten, halben verwenden.

Erhitzen Sie das Holz für etwa zwei Minuten in Ihrer Pfanne (siehe Seite 44). Biegen Sie die Schenkel mit der Rinde nach innen um einen Becher; das entstehende Teil ist Y-förmig gegabelt.

2 Wiederholen Sie den Vorgang an einem zweiten Ast und legen Sie die zwei wie gezeigt zusammen. Wickeln Sie jeweils zwei Enden fest mit dem gewählten Faden oder Draht zusammen.

3 Vervollständigen Sie den Stern mit einem halbierten, ebenfalls gebogenen Zweig, den Sie mit Faden oder Draht an die beiden verbleibenden Enden binden. Wenn Sie jetzt noch eine Schlaufe zum Aufhängen hinzufügen, haben Sie das Zeug zum Star-Bastler!

1

2

3

WEIHNACHTSBAUM

1 Für dieses Projekt brauchen Sie besonderes Holz, und zwar Äste von etwa 15 cm Länge und 1 cm Dicke, die an einem Ende einen kleinen L-förmigen Abzweig haben. Esche, Hasel und Bergahorn eignen sich besonders gut. Spalten Sie die Zweige der Länge nach in der Mitte, im rechten Winkel zu den Abzweigungen.

2 Erhitzen Sie das Holz für eine Minute in der Pfanne (siehe Seite 44). Biegen Sie zwei Äste mit der Rinde nach außen um einen Becher oder eine Tasse.

3 Binden Sie mit dem gewählten Zierfaden, der Wolle oder dem Draht die oberen Enden der Teile zur Baumspitze zusammen. Wickeln Sie den Faden etwa 1 cm breit um beide Asthälften.

4 Legen Sie das zusammengebundene Stück für 30 Sekunden zurück in die Pfanne. Zwirbeln Sie dann behutsam die kleinen Astabzweigungen unterhalb des Baumes zum Baumstamm umeinander und binden Sie sie fest. Sie können sie auch zur Verzierung im Zickzack um den Baum wickeln. Fügen Sie eine Aufhängung hinzu.

Die beiden Baumhälften könnten auch für Menschen stehen, die an Weihnachten zusammenkommen.

4
3

HERZ

1 Wählen Sie sehr gerade Äste von etwa 1 cm Dicke, geteilt in Längen von 25–30 cm. Spalten Sie die Äste der Länge nach in der Mitte bis etwa 5 cm über dem einen Ende. Umwickeln Sie das Ende mit Draht, damit sich der Spalt nicht fortsetzt. Schneiden Sie unterhalb des Spalts vorsichtig so viel Holz weg, dass es nicht dicker ist als ungefähr 2 mm.

2 Erhitzen Sie das Holz für etwa zwei Minuten (siehe Seite 44). Biegen Sie die beiden Y-Schenkel oberhalb des Spaltes nach außen um eine Tasse und binden Sie sie dann mithilfe von Draht über dem Fuß des Ys zusammen zur Herzform.

3 Trocknen Sie das Holz flach zwischen zwei Büchern oder Holzblöcken. Fügen Sie eine Aufhängung hinzu. Wenn Ihnen das besser gefällt, können Sie den Draht mit dekorativem Faden umwickeln. Das Herz ist das weltweite Symbol für Liebe und Sympathie.

GLIEDERKETTE

1 Wählen Sie dünne Äste von bis zu 1 cm Dicke, die diesmal von fast allen Holzarten stammen können. Je dünner sie sind, desto leichter lassen sie sich biegen. Schneiden Sie sie so lang wie möglich, gerade so, dass sie noch in Ihre Pfanne passen, 30 cm Länge wäre gut. Erhitzen Sie das Holz für eine Minute (siehe Seite 44). Wenn das Holz heiß ist, können Sie schnell und leicht die Rinde von einem Teil der Stücke abziehen.

2 Legen Sie das Holz in Spiralen in eine stabile, geradwandige Tasse. Vielleicht bekommen Sie auf diese Art drei oder vier Äste in eine Tasse. Lassen Sie das Holz trocknen. Auf einer sonnigen Fensterbank kann das einige Tage in Anspruch nehmen; wenn Ihnen das zu lange dauert, lassen Sie die Tasse auf einem Heizkörper oder Ofen stehen, bis das Holz trocken ist.

3 Für die Kette haken Sie die Ringe ineinander wie bei einem Schlüsselring. Mir persönlich gefällt es, wenn sich dabei Ringe mit und ohne Rinde abwechseln. Sie können die Ringe auch vor dem Zusammenhängen anmalen oder anderweitig verzieren und sowohl zur Zierde als auch zum besseren Halt die Enden mit bunten Fäden umwickeln. Unsere Kette hat etwa 30 Kettenglieder und ist lang und stabil genug, um sie quer durch unser Wohnzimmer zu spannen. Sie können an den Kettengliedern auch leichte Dinge aufhängen, zum Beispiel einen Lampion, eine Gardine oder andere nützliche Dinge. Es ist ganz einfach, die Kettenglieder in unterschiedlichen Größen anzufertigen. Lassen Sie Ihrer Fantasie freien Lauf.

3

SPIRALLAMPE

Gutes Design und gute Küche bewirken das Gleiche: sie verbessern unser Leben und machen uns glücklich. Auf diesen Gedanken kam ich beim Verfassen dieses Buches immer wieder zurück. Kochen und Handwerk erfüllen also den gleichen Zweck, der große Unterschied besteht jedoch darin, dass die beim Kochen entstehenden Produkte aufgegessen werden, während die handwerklichen erhalten bleiben, manchmal ein Leben lang, als handfeste Zeugnisse für die Zeit, die Sie investiert haben. Bei diesem Projekt stellen Sie simple Holzspiralen her, aus denen ein außergewöhnlicher Lampenschirm wird. Beim Abpellen der Rinde von den dünnen Esche- und Haselzeigen musste ich an das Schälen von Gemüse denken, was vielleicht auch daran lag, dass ich die Lampe in unserer Küche angefertigt und kurzerhand Töpfe und Pfannen umfunktioniert habe. Das Holz schnitt ich von der Hecke, die den Garten umgibt, aus dem ich sonst das Gemüse hole.

DAS BRAUCHEN SIE:

- 36 Stück Grünholz plus Reserve, je 25 cm lang, 1 cm dick
- Säge (feine Japansäge) oder Gartenschere
- Handschuhe und Grillzange
- großen Becher oder kleinen Topf als Biegeform
- Trockengestell
- Schirmträgerplatte (wahlweise; im Internet zu finden) oder Sperrholzplättchen, 15 × 15 cm
- Akkubohrer und Bohraufsatz, ø 1,5 mm
- Sekundenkleber oder Heißklebepistole
- Zwirn und Stopfnadel

SO GEHEN SIE VOR:

1 Schneiden Sie die Äste auf exakt 25 cm Länge und schälen Sie mit einem scharfen Messer von der Hälfte der Äste die Rinde ab. Bauen Sie ein Trockengestell: wir machten gleich zwei aus Sperrholz, etwa im Maß von 20 × 30 cm. An die Längskanten nagelten wir je ein gerades Rundholz. Auch ein Kuchengitter erfüllt den Zweck, verwenden Sie dort Abstände von etwa 16 cm zwischen den Gitterstäben.

2 Erhitzen Sie das Holz. Wir hatten Glück, dass unseres, kreuzweise hineingelegt, fast vollständig in die Pfanne passte, aber es könnte bei Ihnen mehr als eine Ladung nötig sein. Das Holz muss wenigstens zwei Minuten lang sieden, bevor Sie es benutzen können. Ziehen Sie Handschuhe über und nehmen Sie vorsichtig einen Ast mit der Zange heraus. Biegen Sie das Stück ohne Zeitverzögerung um Ihren Becher oder einen kleinen Topf und spannen Sie es dann in Ihr Trockengestell. Wiederholen Sie das mit allen Ästen.

3 Lassen Sie das Holz trocknen. Bei Holz mit Rinde dauert das länger, geben Sie ihm mindestens zwei Tage auf einem warmen, sonnenbeschienenen Fensterbrett. Wir ließen dem Holz mit Rinde im Trockengestell mehr Spiel, sodass wir letztendlich zwei unterschiedlich große Holzbögen erhielten. Wenn es schneller gehen soll, können Sie das Trockengestell bei niedrigster Stufe und Umluft für 1 Stunde in den Ofen stellen. Bearbeiten Sie das Holz durch Abrunden der Enden, Feinschleifen oder – für einen dekorativen Hingucker – durch Anmalen. Sie könnten auch nur die abgezogenen Äste schleifen und einfärben.

4 Für die Schirmträgerplatte benötigen Sie ein dünnes Holzplättchen, aus dem Sie eine Kreisscheibe von etwa 15 cm Durchmesser schneiden und in die Mitte ein Loch bohren, das auf Ihre Lampenfassung passt

1

2

3

4

(je nach Art der Fassung etwa 28 oder 42 mm). Wir zeichneten einen Kreis mit dem Schulzirkel und zogen im Abstand von je 10° Linien zum Mittelpunkt, die die Positionen der Bughölzer anzeigen. Geschnitten haben wir mit der Laubsäge. Anstelle der Holzscheibe können Sie im Handel Schirmträgerplatten aus Metall kaufen.

5 Setzen Sie Ihren Schirm zusammen. Die Schirmträgerplatte soll zum Befestigen der Holzbögen etwa 15 cm Abstand zur Tischoberfläche haben, erhöhen Sie sie deshalb mit einem Glas oder einem Becher. Kleben Sie Ihr Bugholz mit der Klebepistole auf die Trägerplatte. Über die Art, wie die Stabenden die Tischplatte berühren, können Sie den Neigungswinkel der Spiralstäbe bestimmen. Als Eyecatcher können Sie zwischen Stäben mit und ohne Rinde abwechseln. Um alle 36 Teile unterzubringen, kann es sein, dass Sie einige Stäbe spitz zuschneiden oder anschleifen müssen. Ich habe von drei verschiedenen Positionen aus gearbeitet, damit der Schirm während der Arbeit auf keiner Seite Übergewicht bekam.

6 Für festeren Halt der Verbindung hatten wir schon zuvor einen Ring aus 1,5-mm-Löchern in die Sperrholzplatte und je ein Loch in alle Bogenstücke gebohrt und konnten so am Schluss die Spiralstäbe und die Trägerplatte noch zusätzlich mit Zwirn zusammenbinden – schließlich soll dem Schirm auch wirklich eine lange Lebensdauer beschieden sein!

Entwickeln Sie mit ganz anderer Formgebung Ihre eigene Designerlampe.

IN DER MINI-WERKSTATT

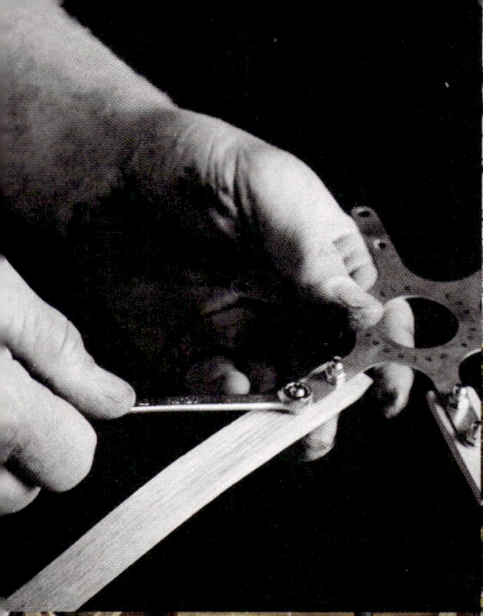

FÜR ANSPRUCHSVOLLERE BIEGEARBEITEN, für die aber wenig Platz zur Verfügung steht, habe ich kleine Biegeschablonen, auf englisch „jigs", entwickelt. Es handelt sich um einfache, handliche Holzformen, die es sogar meinem fünfjährigen Sohn ermöglichen, stark gespannte Biegeradien zu erzielen. Das Entwickeln derartiger Biegeschablonen ist stets eine Herausforderung und macht besonderes Vergnügen: Es ist ein Prozess des Nachsinnens über das, was möglich ist, und wie die Hilfsmittel beschaffen sein müssen, mit denen man es erreicht. Mit meinem System können Sie Arbeiten kleinerer Abmessungen leicht zu Hause, in der Schule oder im Atelier bewältigen. Wobei dahinter jeweils die Absicht steckt, seinen Eigenbedarf mit lokalen, nachhaltigen Mitteln decken zu können und von dem Objekt, in das man seine Zeit investiert, dann hoffentlich auch lange etwas zu haben. Meine Biegeschablonen bestehen aus 18-mm-Sperrholz und beruhen auf der Grundfläche eines DIN-A4-Papiers, ebenso wie das benutzte Holz, bei dem eine Länge von 297 mm nicht überschritten wird. Dies macht die Arbeiten aus diesem Kapitel ideal für zu Hause, denn das Holz passt in die Mikrowelle oder den Schnellkochtopf. Bei der Konstruktion hat mich die Beschränkung auf Holzlängen von ausschließlich 297 mm auf vollkommen neue Ideen gebracht, und das hat viel Spaß gemacht. Wie bei allen Übungen in diesem Buch sollen Ihnen diese Ideen nur als Ausgangspunkt dienen: Das hier Erlernte können Sie jederzeit auch mit anderen Techniken aus diesem Buch kombinieren oder zusammen mit den Ergebnissen Ihrer eigenen Erfahrungen oder Experimente zu etwas völlig Neuem ausbauen!

BIEGESCHABLONEN

Es besteht die Möglichkeit, fertige Bausätze und die Einzelteile für dieses Kapitel online zu beziehen. Sie finden alle Informationen dazu unter www.haupt.ch/holz-und-dampf. Dort finden Sie auch die Vorlagen kostenlos zum Download, wenn Sie die Formen selber machen möchten (siehe Seite 144).

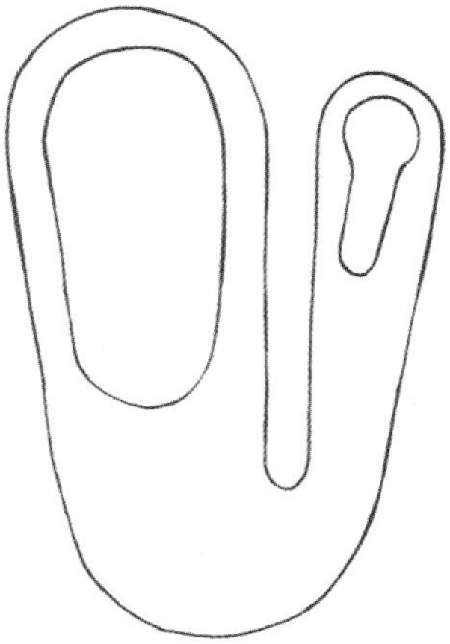

JIG510
Eine kleine Biegeschablone für Bögen vom Durchmesser 5 und 10 cm; ein Schlitz zur Verwendung eines Kompressionsgurtes ist vorgesehen.

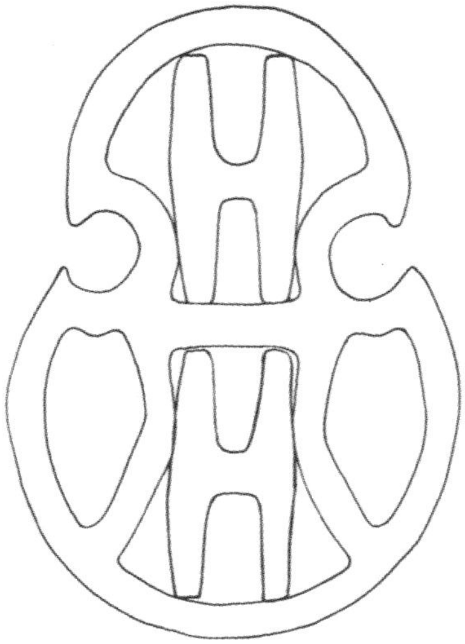

JIG1520
Diese Biegeschablone ist die Standardform. Sie gibt Bögen von 15 und 20 cm Durchmesser vor und bietet Platz zum Unterbringen zweier Klemmen.

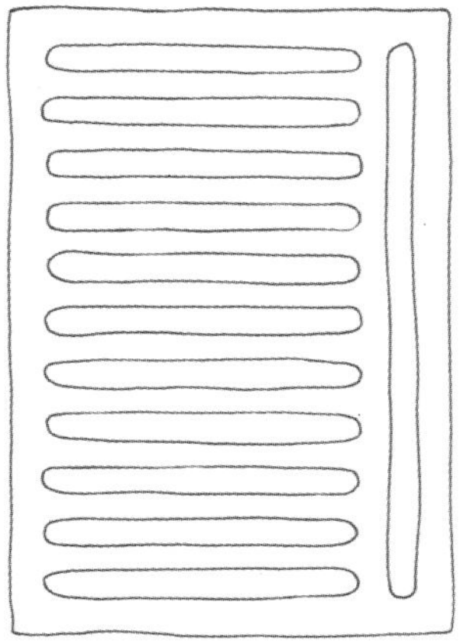

JIGdry
ist ein Spann- und Trockengestell. Mehrere davon können unter Umständen nicht schaden!

DAS BRAUCHEN SIE ZUM ANFERTIGEN DER GRUNDFORMEN:

- Sperrholz, 18 mm stark (idealerweise Bootsbausperrholz, da am längsten haltbar, aber auch alle anderen Sorten sind ausreichend)
- Hartholz, 10 × 18 × 100 mm
- Werkbank oder Tisch
- Stichsäge, Bandsäge, Dekupiersäge oder Laubsäge
- Bohrmaschine mit Bohraufsätzen, ø 4, 8,5 und 10 mm
- Bandschleifer und Oberfräse mit Abrund- und Nutfräsern und (nicht zwingend notwendig) mit Kugellager
- Einschlagmuttern mit M8-Gewinde und 4 Einschlagspitzen sowie eine Auswahl an M8-Schrauben und -Muttern
- Hammer
- PC und A4-Drucker
- Weißleim (PVA-Holzkleber)

ODER

- Sperrholz, 18 mm stark
- CNC-Fräse (eine relativ preiswerte Maschine, die im Internet leicht zu bekommen ist und hohe Präzision und schnelles Arbeiten ermöglicht). Die Fräsdateien, die Sie brauchen, können Sie im Internet herunterladen (siehe Seite 144).

ANFERTIGEN DER BIEGESCHABLONEN

Gehen Sie auf meine Webseite und laden Sie die Vorlagen, die Sie haben möchten, herunter. Kleben Sie die Vorlagen mit einer dünnen Schicht Weißleim auf das Holz und streichen Sie mit einer alten Kreditkarte den Leim gleichmäßig aus.

Fixieren Sie das Holz auf Ihrer Werkbank oder dem Arbeitstisch und schneiden Sie, exakt den Linien folgend, die Form mit der Säge zu. (Guter Rat nebenbei: Lassen Sie sich Zeit und achten Sie genau auf das, was Sie tun.) Als Ansatzpunkte für die Stichsäge bohren Sie Löcher in die auszuschneidenden Mittelteile. Bei Benutzung einer Oberfräse mit Rundfräser beginnen Sie am Mittelpunkt, der auf der Vorlage eingezeichnet ist. Das JIGdry-Trockengestell wird am schnellsten mit einem 12-mm-Fräser und einem Anschlag gearbeitet.

Glätten Sie die Kanten mit dem Bandschleifer. (Diesen Schritt können Sie auslassen, er ist aber normalerweise nötig, es sei denn, Sie arbeiten mit Oberfräse oder sind ein Zauberer an der Stichsäge!)

Begradigen Sie die Schnitte mit der Oberfräse und einem Bündigfräser (auch dies ist nicht zwingend notwendig und wird vielleicht auch gar nicht gebraucht, spart aber eine Menge Zeit, besonders, wenn Sie mit der Stichsäge gearbeitet haben, die tendenziell keinen glatten Anschnitt erzeugt).

JIG1520

Nachdem Sie diese zugesägt haben, überprüfen Sie, dass die H-förmigen Klemmen genau in die Aussparungen passen.

JIG1510

Hier fügen Sie noch einen Kompressionsgurt hinzu. Sie benötigen dafür ein verzinktes Stahlband oder ein Edelstahlband von 18 × 350 × 1 mm und sechs 15-mm-Schrauben. Legen Sie das Band mit umgefalzten Enden in die Halteteile und schrauben Sie es fest. Schneiden Sie einen Keil zum Festspannen des Bandes.

JIGdry-TROCKENGESTELL

Nach dem Zusägen gebrauchsfähig – Sie brauchen nichts weiter tun.

VERWENDUNG DER BIEGESCHABLONEN

Mit diesem System von Biegeschablonen können Sie Holzleisten von 18 mm Breite und 297 mm Länge sowie 2 bis 10 mm Stärke in nahezu jede erdenkliche Form biegen. Im Folgenden erläutern wir die Verwendung der Biegeschablonen. Es ist gut möglich, dass Sie selbst noch andere oder bessere Möglichkeiten finden, denn nach meinem Dafürhalten haben wir bisher bloss die Oberfläche dessen angekratzt, was in Bezug auf das Biegen von Holz im häuslichen Rahmen möglich ist.

JIG1520

Der Name dieser Biegeschablone leitet sich von ihren Formbögen im Durchmesser 15 und 20 cm ab. Sie bietet Ihnen außerdem Platz für zwei H-förmige Klemmen zum Herausnehmen.

Haken Sie das Holz in die „Taille" der Biegeschablone, biegen Sie es über den einen oder anderen Bogen und spannen Sie es dann auf der anderen Seite in die Aussparung.

Nehmen Sie zum Abkühlen das Holz mit der H-Klammer auf.

Spannen Sie das Holz in das Trockengestell.

JIG510

Benannt nach den vorhandenen Bogendurchmessern von 5 und 10 cm, können Sie diese Biegeschablone mit oder ohne Kompressionsgurt verwenden. Das Arbeiten mit Kompressionsgurt erlaubt Ihnen engere Biegeradien, gerade auch bei dickerem Holz.

Bei Verwendung eines Kompressionsgurtes legen Sie das Band an das Holz und straffen es mit einem Holzkeil.

Legen Sie das Holz zusammen mit dem Stahlband in den „Mund" der Biegeschablone, sodass das Band an der Außenseite der Krümmung liegt, und biegen Sie das Holz mit dem Kompressionsgurt.

Nehmen Sie zum Abkühlen das Holz mit der H-Klammer auf.

Spannen Sie das Holz in das Trockengestell.

HOLZ FINDEN UND ZUSCHNEIDEN

Zu den wichtigsten Beweggründen, dieses System kleiner Biegeschablonen zu entwickeln, zählte für mich die Möglichkeit, damit kleine Holzabschnitte guter Qualität aus regionalem Baumbestand verwenden zu können, die sonst normalerweise nur zu Brennholz verarbeitet werden. Bäume verzweigen sich, wie Ihnen nicht entgangen sein dürfte, was gut ist für den Baum, aber an diesem Holz zeigt sich oft ein Faserlauf, der nicht parallel zum Querschnitt des Holzes verläuft. An diesen Stellen ist das Holz anfälliger für Bruch und Spaltung, besonders, wenn Sie noch nicht so viel Erfahrung mit dem Dampfbiegen haben. Ich habe jedoch festgestellt, dass selbst ein auf den ersten Blick ungeeignet erscheinender Baum kurze Teilstücke aus perfekt gemasertem Holz aufweist. Die Verwendung relativ kurzer Abschnitte erlaubt es uns, aus fast jedem Holz qualitativ gute Holzabschnitte zu gewinnen, und da wir dampfbiegen, kann das Holz frisch sein und muss nicht abgelagert werden. Sie haben also die freie Wahl, ob Sie vorgefertigte Bretter kaufen, Reststücke örtlicher Sägewerke nutzen oder einen kleinen Baum oder Ast, den Sie selbst geschnitten haben, nach dem Motto: für den Eigenbedarf möglichst lokale Ressourcen nutzen.

Poröses Hartholz aus unseren gemäßigten Breiten, darunter Esche, Eiche, Ulme, Buche, Bergahorn, Nussbaum und Hasel, eignen sich hervorragend zum Dampfbiegen, und ringporöse Hölzer (bei denen die Jahresringe gut sichtbar sind, wie bei Esche und Eiche) sind dabei in der Regel am einfachsten zu verarbeiten. Eiben bilden eine Ausnahme von dieser Regel: obwohl sie offiziell nicht zu den Harthölzern zählen, da sie Nadeln besitzen, ist das Holz zum Dampfbiegen hervorragend geeignet.

DAS BRAUCHEN SIE:

- fasergerades Hartholz (Brett oder Holzblock, für gute Handhabung nicht zu groß)
- Schindelmesser und/oder Axt
- Zieh- oder Schnitzmesser
- hochwertige Band- oder Tischkreissäge (eventuell mit besonders dünnen Sägeblättern; jedoch nicht zwingend notwendig)
- Dickenhobel oder frisch geschärfter Handhobel (nicht zwingend notwendig, aber vorteilhaft für gute, glatte Ergebnisse).

AUS DICKEM HOLZ DÜNNES SCHNEIDEN

Schneiden Sie Ihr Originalholz auf ein Maß, dass Sie gut handhaben können. Achten Sie dabei darauf, dass der Faserlauf und die Schnittflächen, wenn möglich, glatt und vollkommen gerade sind. Ich arbeite gern mit Längen von 33 cm und einem Vielfachen davon, also 33, 66 und 99 cm, weil der Verschnitt dadurch gering bleibt.

Spalten Sie Ihr Holz der Länge nach in Teilstücke, die Sie sicher im Griff haben und die in Ihre Bandsäge oder unter die Schutzabdeckung Ihrer Tischkreissäge passen, zum Beispiel 5 cm dicke Querschnitte. Lässt sich das Holz nicht sauber spalten, ist das unter Umständen nicht gut für das Dampfbiegen. Sie müssten es dann mit einem Zugmesser oder einem anderen Werkzeug abziehen, damit es eine annähernd ebene Oberfläche bekommt.

Setzen Sie die Führungsschiene Ihrer Säge auf 2 cm und schon haben Sie dünne Platten.

Hobeln Sie das Holz mit dem Dickenhobel oder dem Handhobel auf eine Stärke von 18 mm. Auch wenn Sie lieber mit vorhandenen Brettern arbeiten als selbst welche anzufertigen, schneiden und hobeln Sie diese auf 18 mm Stärke, bevor Sie zum nächsten Schritt übergehen.

OPTIMALES HOLZ FÜR EXTREME BIEGERADIEN

Betrachten Sie eingehend Ihre Bretter. Die Faserrichtung läuft vielleicht nicht immer überall parallel zur Holzkante. Zeichnen Sie mit einem Lineal eine deutlich sichtbare Linie in Richtung des Faserlaufs auf das Brett. Verläuft die Faser auf der Länge des Brettes in Kurven, können Sie Ihr Brett in Längen von bis zu einem Minimum von 33 cm schneiden und davon nur die besten Stücke verwenden. Wenn Ihr Entwurf nur mäßige Biegeradien vorsieht, müssen Sie nicht so sehr darauf bedacht sein, dem Faserlauf zu folgen. Schneiden Sie das Holz aus der freien Hand und folgen Sie der eingezeichneten Linie, so gut Sie können.

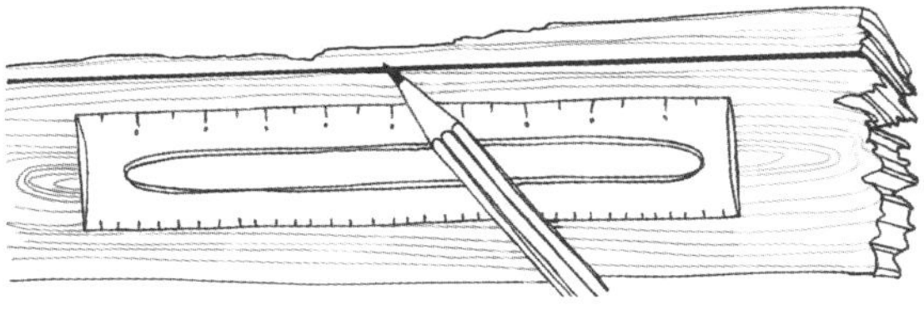

Werfen Sie einen Blick auf das Holzende. Idealerweise laufen die Jahresringe mehr oder weniger durch Ober- und Unterkante des Brettes. Tun sie das nicht, setzen Sie Ihre Führungsschiene knapp unter die maximale Schnitttiefe Ihrer Säge und schneiden das Holz in Bretter dieser Breite.

Betrachten Sie die Bretter erneut. Falls nötig, und wenn dies nicht zu viel Verschnitt zur Folge hat, können Sie eine neue Linie im Faserlauf anzeichnen und an ihr von Hand schneiden. Schneiden Sie die Bretter auf 6 mm oder um 1 mm dicker zu, als gebraucht, es sei denn, Sie hobeln von Hand, schneiden Sie in diesem Fall so dicht an das benötigte Maß heran, wie Sie es wagen. Hobeln Sie das Holz auf 5 mm herunter. Sind Sie damit fertig, schneiden Sie die Teile auf exakt 297 mm Länge. Was Sie erhalten, sind perfekte Minibretter.

DAS HOLZ ERHITZEN

Zwei einfache Methoden zur Holzerwärmung in der Mini-Werkstatt sind die Mikrowelle und eine Dampfschale, deren Anfertigung Sie weiter unten finden.

ERHITZEN IN DER MIKROWELLE

DAS BRAUCHEN SIE:

- Mikrowelle mit 30-cm-Platte
- Plastikteller, auf den das Holz passt
- Zange und Handschuhe

1 Lassen Sie das Holz für mindestens 24 Stunden in Wasser einweichen und lagern Sie es auch bis zur Verwendung in Wasser.

2 Erhitzen Sie es für etwa 20 Sekunden mit höchstmöglicher Wattanzahl in der Mikrowelle. Die optimale Dauer können Sie nur durch Experimentieren herausfinden, denn jede Mikrowelle ist anders. Sobald Dampf aufsteigt, ist der richtige Zeitpunkt in wenigen Sekunden erreicht. Beobachten Sie das Holz während des Erwärmens, denn es könnte auch schneller fertig sein.

3 Tragen Sie beim Herausnehmen Handschuhe und biegen Sie das Holz direkt im Anschluss. Reinigen Sie danach gründlich den Innenraum Ihrer Mikrowelle, damit Ihre Lebensmittel nicht durch Rückstände beeinträchtigt werden.

THEMA SICHERHEIT
Lassen Sie das Holz nie unbeobachtet in der Mikrowelle. Trocknet es zu sehr aus, wird es unbrauchbar oder könnte sogar Feuer fangen.

ERHITZEN IN DER DAMPFSCHALE

DAS BRAUCHEN SIE:

- 2 Aluschalen (zum Backen oder Grillen, im Supermarkt erhältlich)
- Schere
- Leder- oder Gummihandschuhe
- schwere Pfanne in einer Größe, die unter die Schale passt
- Zange

BAU DER DAMPFSCHALE

1 Schneiden Sie eine der Aluschalen in der Mitte mit der Schere kreuzweise um 5 cm ein und legen Sie die Ecken nach außen, sodass ein quadratisches Loch entsteht. Die zweite Schale lassen sie heil.

2 Decken Sie die erste Schale mit der zweiten ab. Drücken Sie die Blechränder beider Längskanten und einer Schmalkante fest zusammen, sodass sie gut und fest abdichten. Die zweite Schmalkante des Deckels biegen Sie zu einer schmalen Öffnung hoch.

3 Füllen Sie die Pfanne halb mit Wasser und bringen Sie es langsam zum Köcheln. Decken Sie die Pfanne dabei mit der Aluschale ab. Holz, das Sie dämpfen wollen, können Sie nun so hineinlegen, dass die Enden ein wenig aus der Öffnung herausragen: Sie haben damit nichts anderes als eine perfekte Minidampfkammer.

4 Legen Sie Ihr Holz in die Dampfschale. Holz von 5 mm Stärke benötigt, abhängig von der entstehenden Dampfmenge, 5 bis 10 Minuten.

5 Nehmen Sie das Holz mit Handschuhen und Zange heraus und biegen Sie es direkt im Anschluss.

THEMA SICHERHEIT

Die Kanten der geschnittenen Alufolie sind extrem scharf, tragen Sie daher Handschuhe und arbeiten Sie vorsichtig. Behalten Sie auch den Wasserstand im Auge, das Wasser darf nicht verkochen.

UNTERSETZER

Der Untersetzer ist eines der einfachsten Objekte in diesem Buch. Er schützt empfindliche Oberflächen und sieht nebenbei so toll aus, dass man ihn sogar als Schmuckelement an die Wand hängen kann.

DAS BRAUCHEN SIE:

- 3 Holzstäbe, je 5 × 18 × 297 mm plus Reserve (alle aus gleichem Holz oder auch völlig verschieden)
- JIG510
- JIGdry
- Kompressionsgurt (wahlweise)
- Bleistift
- Holzdübel, 3–8 mm (Schaschlikspieße aus Bambus, 3 mm dick, oder handelsübliche Rundstäbe aus Weich- oder Hartholz. Sie können auch eigene Dübel schneiden, was normalerweise viel Spaß macht, und die in der Regel auch robuster sind)
- Bohrer mit scharfen Bohrspitzen in der Größe der Dübel
- Werkbank
- kleine Säge
- PVA-Weißleim oder Sekundenkleber
- Werkzeuge zur Feinbearbeitung, wenn gewünscht (z. B. Schabhobel, Beitel, Schwingschleifer)
- Schleifpapier, Körnung 120 und 240
- Holzschutzmittel oder Danish Oil

SO GEHEN SIE VOR:

1 Erhitzen Sie das Holz nach einer der Methoden von Seite 72.

2 Biegen Sie das Holz mithilfe von JIG510 und spannen Sie es anschließend in JIGdry. Sie können dabei die Bogengröße bestimmen – ich habe mich für eine 5-cm- und zwei 10-cm-Krümmungen entschieden und verwende entsprechend unterschiedliche Steckschlitze des Trockengestells. Natürlich können alle Stäbe die gleiche Krümmung erhalten, zum Beispiel 10 cm: ganz, wie es Ihnen gefällt! Unter der Voraussetzung, dass die Faserrichtung sehr gerade verläuft, benötigen Sie keinen Kompressionsgurt.

3 Trocknen Sie das Holz entweder auf einem sonnenbeschienenen Fensterbrett oder auf einem Heizkörper.

4 Legen Sie die gebogenen Leisten auf einer ebenen Fläche zu der Form zusammen, die Sie sich vorstellen. Zeichnen Sie mit dem Bleistift an, wo sich die Teile berühren (ganz wichtig!). Bohren Sie die Löcher für die Dübel. Am einfachsten gelingt dies, wenn man zwei Teile an einer Tischkante zusammenhält oder zusammenklammert; so ist gewährleistet, dass sie wirklich passend liegen. Nach dem Verdübeln glätten und schleifen Sie das Holz. Dies ist auch der Moment, an dem Sie eventuell die Enden abrunden können. Wenn Sie das Holz schleifen wollen, sollten Sie stets in Faserrichtung Schritt für Schritt von grob bis fein mit Schleifpapier von 120er- bis zu 240er-Körnung oder sogar feiner schleifen.

1

2

3

4

5 Zum Dübeln und Verleimen rücken Sie die Teile vollständig und ohne Lücken zusammen. Wenn Sie es besonders gut machen wollen, sägen Sie die Dübel der Länge nach in der Mitte durch und treiben am Biegemittelpunkt, rechtwinklig zur Holzfaser, kleine Keile hinein; der Halt wird dadurch noch verbessert.

6 Ganz gleich, wie Sie die Endbearbeitung der Dübel gestalten: Sie können sie alle auf die gleiche Länge oder bündig zur Holzoberfläche abschneiden. Sie können sie durch farbiges Anmalen der Schnittflächen dekorativ betonen oder Holzkugeln oder andere Elemente auf die Enden kleben. Wenn Sie die Dübel anmalen, sieht es schön aus, wenn Sie gleichzeitig die Enden der Holzstäbe anmalen.

7 Stellen Sie den Untersetzer mit einem Feinschliff und einem Holzschutzmittel fertig.

UNGEBRANNTE VASE

Diese Blumenvase ist umweltfreundlich und punktet in der Ökobilanz mit einem niedrigen Gehalt an grauer Energie. Alternativ können Sie den vorgesehenen Glasbehälter auch weglassen und das Gestell als Stifthalter verwenden. Wie bei allen Projekten in diesem Buch haben Sie viele Möglichkeiten, daraus etwas ganz Eigenes zu machen; mit ein paar Änderungen könnte daraus auch ein toller Lampenschirm werden. Unser Modell besteht vollständig aus Furniersperrholz. Um Zeit zu sparen, können Sie fertig zugeschnittene Teile im Internet bestellen.

DAS BRAUCHEN SIE:

- etwa 10 Holzstäbe zum Biegen (gleicher Art oder verschieden) plus Reserve, 5 × 18 × 297 mm
- Wasserbehälter, z. B. Trink- oder Marmeladenglas oder kleine Kunststoffflasche
- Dübel, ø zwischen 4 und 10 mm, ca. 30 mm lang
- Bohrer, Bohr- und Meißelaufsatz in der Größe der Dübel
- schnellhärtenden Klebstoff (Sekundenkleber, Express-Holzleim)
- Sperrholzplatte, 18 mm dick, 100 × 200 mm oder größer
- JIG510, JIG1520 oder JIGdry-Trockengestell (je nach Entwurf)
- Säge (Bandsäge, Stichsäge, Laubsäge oder Dekupiersäge)
- Bandschleifmaschine, kleiner Handhobel oder Schleifklotz (bzw. CNC-Fräse)
- Schleifpapier, Körnung 120 und 240
- Japansäge
- Klemmen/Zwingen
- Schabhobel
- Hammer

VORBEREITUNG

Der hölzerne Teil stellt das Äußere der Vase dar; im Inneren benötigen Sie einen Behälter für Wasser: Bei uns ist das ein altes Einweckglas, aber es kann ein Wasserglas, eine abgeschnittene Plastikflasche oder jeder andere wasserfeste Behälter sein. Überlegen Sie sich im Vorfeld auch die Beschaffenheit der Bögen. Wie hoch soll Ihre Vase sein und in welchen Bereichen sollen die Biegungen liegen? Auf jeden Fall sollten die Bögen erst oberhalb des Wasserbehälters ansetzen, damit dieser verdeckt wird.

Dieses Projekt lebt von den schönen, natürlich wirkenden Holzverdrehungen aus der freien Hand. Für einheitlichere Bögen können Sie eine entsprechende Biegeschablone entwickeln, Sie können aber auch mit noch extremeren Verdrehungen spielen.

SO GEHEN SIE VOR:

1 Ist die Planung abgeschlossen, übertragen Sie den Bodenumfang Ihres Wasserbehälters auf eine Sperrholzplatte und zeichnen um die Außenseite einen Ring aus so vielen geraden Flächen von 18 mm Breite, bis der Ring geschlossen ist. Dies gibt Ihnen die Übersicht darüber, wie viele Holzstäbe Sie benötigen und biegen müssen. Schneiden Sie den Boden entlang des äußeren Ringes zu und achten Sie auf präzise abgeflachte Seitenkanten. Benutzen Sie einen Bandschleifer, einen Schleifklotz oder einen kleinen Hobel bzw. die CNC-Fräse.

Schneiden, formen und schleifen Sie die Holzstäbe. Wir verwendeten die volle Holzlänge und formten nur minimal, aber dies können Sie nach Ihren eigenen Vorstellungen abändern. Schleifen Sie das Holz in Faserrichtung, angefangen mit Körnung 120 bis 240 oder noch feiner.

2 Erwärmen Sie das Holz nach der Methode Ihrer Wahl (siehe Seite 72).

Biegen Sie das Holz mithilfe der Biegeschablonen JIG510, JIG1520 oder auch einfach im Trockengestell JIGdry; falsch machen können Sie dabei nichts: die Bögen können ganz nach Ihrem Geschmack sanft oder extrem ausfallen, und wenn Sie nur eine halbhohe Vase möchten, können Sie die gebogenen Stäbe auch nach dem Trocknen noch in der Mitte durchschneiden. Für die abgebildete Vase habe ich die Stäbe gedreht und zum Abkühlen jeweils 20 Sekunden lang festgehalten.

Zum Trocknen können Sie das Holz über Nacht auf einen Heizkörper oder tagsüber auf eine sonnenbeschienene Fensterbank stellen. Wenn Sie viele Stäbe anfertigen, ist ein Trockenraum mit Luftentfeuchter eine tolle Sache.

3 Kleben Sie die gebogenen Stäbe mit schnellhärtendem Klebstoff an die abgeflachten Kanten Ihres Sperrholzbodens. Klebstoffe mit Aktivator sind dafür gut geeignet. Versuchen Sie bei Verwendung von Holzleim die Stäbe paarweise festzuklemmen. Sollten Ihre Stäbe nicht so ganz passen wollen, bearbeiten Sie mit dem Messer oder einem anderen Werkzeug die flachen Seitenflächen nach, bis sie genau aneinanderstoßen. Sobald Sie alle Stäbe um den Boden gestellt haben, zeigt sich schon die Schönheit der Vase. Allerdings ist die Festigkeit in diesem Stadium noch nicht gegeben, die Vase darf Ihnen also nicht hinfallen!

4 Bohren Sie Löcher zum Einsetzen der Dübel. Die Löcher müssen etwa 25 mm tief durch die Stäbe in den Vasenboden reichen. Streichen Sie die Dübel mit Kleber ein und hämmern Sie diese bis zum Anschlag ein. Wollen Sie höhere Belastbarkeit und ist Ihnen eine kleine Extra-Herausforderung nicht zu viel, dann entscheiden Sie sich für Dübel mit Klemmkeilen: Sägen Sie dafür 8-mm-Dübel mit einer Japansäge in der Mitte bis etwa zur Hälfte durch und verleimen Sie diese mit dem Spalt im rechten Winkel zur Holzmaserung in den Dübellöchern. Bohren Sie je ein zweites Loch von 3 mm Durchmesser vom Boden der Vase durch das Sperrholz in den Dübel und treiben Sie einen 3-mm-Dübel hinein. Schlagen Sie dann mit dem Hammer einen kleinen Keil in den Dübelspalt und klammern Sie die Verbindung, falls nötig, fest, bis der Leim ausgehärtet ist.

Schneiden und schleifen Sie die Dübel. Sollte die Vase etwas kipplig stehen, gleichen Sie das vorsichtig mit der Japansäge, einem Bandschleifer oder dem Schleifklotz aus. Ölen Sie Ihre ungebrannte Vase und stellen Sie Blumen hinein. Schon sind Sie fertig!

UNGEBRANNTE SCHALE

Zwar optisch verwandt mit der Vase auf Seite 78, sind bei dieser Schale die Stäbe jedoch auf andere Art am Boden befestigt, was entscheidend zu mehr Stabilität beiträgt, sodass sich die Schale ohne Probleme voll mit Obst oder anderen Dingen befüllen lässt. Auch wenn Sie noch nie zuvor mit Holz gearbeitet haben, ist diese Schale etwas für Sie. Sie können alle Teile online kaufen, wenn Sie nicht selbst fräsen wollen und Sie können dabei (fast) nichts falsch machen. Das entscheidende Merkmal an dieser Konstruktion – die 5-mm-Nut zum Aufnehmen der dampfgebogenen Holzstäbe am Schalenboden – kann an anderer Stelle zum Grundprinzip für weitere interessante Designs dienen. Auch wenn Sie nur eine kleine Hobby-CNC-Fräse besitzen, werden Sie feststellen, dass 5 mm zu den Standardfräsköpfen gehört, es ist daher wirklich alles machbar.

DAS BRAUCHEN SIE:

- Holzstäbe, je 5 × 18 × 297 mm (von gleicher Holzart oder gemischt. Die genaue Anzahl richtet sich nach der Größe und dem Aufbau Ihrer Schale – zwischen 10 und 30 Stück sind eine gute Zahl)
- Holzboden, mindestens 15 mm dick
- Oberfräse oder CNC-Fräse mit 5-mm-Fräskopf ODER fertige Holzscheibe von meiner Webseite (siehe Seite 144)
- JIG1520
- JIGdry
- Weißleim oder Sekundenkleber
- Schleifpapier, Körnung 120 und 240
- Holzöl oder Lack

Radiuseinstellung an der Fräse (in mm)	Kreisdurchmesser (in mm)	Anzahl der Stäbe bei 5 × 18 mm (Stärke × Breite)	Radiuseinstellung an der Fräse (in mm)	Kreisdurchmesser (in mm)	Anzahl der Stäbe bei 5 × 18 mm (Stärke × Breite)
22,9	45,8	8	60,2	120,3	21
25,8	51,6	9	63,0	126,1	22
28,6	57,3	10	65,9	131,8	23
31,5	63,0	11	68,8	137,5	24
34,4	68,8	12	71,6	143,2	25
37,2	74,5	13	74,5	149,0	26
40,1	80,2	14	77,4	154,7	27
43,0	85,9	15	80,2	160,4	28
45,8	91,7	16	83,1	166,2	29
48,7	97,4	17	85,9	171,9	30
51,6	103,1	18	88,8	177,6	31
54,4	108,9	19	91,7	183,4	32
57,3	114,6	20	94,5	189,1	33

SO GEHEN SIE VOR:

1 Für den Boden verwende ich am liebsten Massivholz, aber andere Materialien wie Furniersperrholz, MDF-Platte oder sogar Acrylstein eignen sich ebenso. Schneiden Sie entweder mit der Oberfräse und dem 5-mm-Frässtift eine kreisförmige Platte mit einer kreisförmigen Nut oder eine andere Form zu oder beziehen Sie die fertig zugeschnittene Platte von mir oder laden Sie die Programmdateien für Ihre CNC-Fräse von meiner Homepage herunter (siehe Seite 144). Mit der Oberfräse oder der CNC-Fräse haben Sie die Freiheit jede Form zu erstellen, die Ihnen in den Sinn kommt, Sie können damit die Form auch frei aus der Hand schneiden und skulpturale und sehr ungewöhnliche Formen erstellen. Für einen Kreis lässt sich mit ein wenig Mathematik die exakte Größe ganz einfach berechnen. Die Berechnungsformel lautet: Umfang geteilt durch die magische Zahl Pi (3,14) = Durchmesser des Kreises. Verwenden Sie zum Beispiel 10 Holzstücke von 18 mm Breite, dann beträgt der Umfang Ihrer Kreisform 180 mm. Teilen Sie also 180 mm durch 3,14 und Sie erhalten den Kreisdurchmesser von 57,3 mm und den Radius von 28,6 mm. Damit Sie es leichter haben, haben wir auf der Seite gegenüber eine Tabelle zur Verfügung gestellt. Wir verwenden unseren Boden in der Urform, aber Sie könnten die Kanten anfasen oder ein Dekor hinzufügen.

2 Erhitzen Sie das Holz nach der Methode Ihrer Wahl (siehe Seite 72) und biegen Sie es. In diesem Fall bieten sich sanfte Bögen an: beide Größen an der Biegeschablone JIG1520 eignen sich gut. Nach dem Biegen können Sie den Biegeradius noch einmal genau bestimmen, indem Sie die Stäbe in JIGdry einspannen – Bögen von 45° oder 90° machen sich sehr dekorativ. Der Schlüssel zu einem formschönen Ergebnis liegt diesmal in der Gleichmäßigkeit aller Teile, spannen Sie daher alle auf gleiche Weise in das Trockengestell.

Zum Trocknen stellen Sie das Holz entweder über Nacht auf einen Heizkörper oder tagsüber auf ein sonnenbeschienenes Fensterbrett. Wenn Sie die Bogenform noch ändern möchten, ist dies die letzte Gelegenheit dazu. Schleifen Sie das Holz von grob nach fein mit Körnung 120 bis 240. Die Stabenden, die in den Boden eingesteckt werden, sollten nicht zu stark angeschliffen werden, damit sie fest sitzen und nicht wackeln.

3 Verleimen Sie das Holz in der Bodenrille. Dies geht am einfachsten, wenn Sie die 5-mm-Nut mit Leim ausstreichen. Da die Stäbe festen Halt haben sollen, müssen Sie vielleicht ein wenig Kraft aufwenden, um sie in die Nut einzupassen. Sollte dies nicht gelingen, können Sie sie mit einem scharfen Meißel, einem Hobel oder Schleifpapier leicht abschrägen. Danach entfernen Sie überschüssigen Klebstoff.

4 Schließen Sie die Arbeit mit einem Feinschliff ab und geben Sie dem Ganzen mit Zitronenöl noch einen wunderbaren Duft. Bei gewerblicher Nutzung würde man statt des Öls eher einen Holzschutz oder Lack auftragen. Nehmen Sie sich Zeit und arbeiten Sie genau nach Anleitung. Haben Sie Freude an Ihrer Schale, aber reinigen Sie sie bitte nicht im Geschirrspüler!

Für eine flachere Schale kürzen Sie die Holzstäbe nach dem Biegen.

ALGENLAMPE

Eine Onlinerecherche nach Bildern von Mikroalgen eröffnet einem eine ungeheure Bilderflut schöner, komplexer Formen und Strukturen, die oft aus Wiederholungen von Einzel- oder Gitterelementen aufgebaut sind. Da gibt es das einzellige bisymmetrische Meisterwerk genauso wie ganze Kolonien von Kieselalgen, die komplizierte Schneeflocken- oder Sternmuster bilden. Ich finde Forschung auf diesem Gebiet enorm inspirierend. Der Mensch empfindet Schönheit in der Wiederholung, der Symmetrie und der Vielfalt, und das Leben zeigt sich als Code, der sich in physikalischer Form manifestiert. Die DNA sagt: „Tu dies und wiederhole es." und die Evolution behält das Beste davon. Im Design können wir diesen Entstehungsprozess im kleinen Maßstab nachvollziehen. Genau das werden wir im Folgenden tun.

Mit Holzstäben von 5 mm Durchmesser und einigen Ergänzungsteilen, die Sie selbst auswählen, werden wir eine „dreidimensionale Einheit" erstellen. Es gibt dabei keine falsche Lösung; es soll einfach ein Element entstehen, dessen Anfertigung Ihnen Freude macht und dessen Aussehen Ihnen gefällt. Dieses Teil kann kompliziert oder einfach sein, die Aufgabe besteht allein darin, ein Ausgangselement zu kreieren, das Ihnen interessant genug erscheint, es mehrere Male zu wiederholen. Für unsere Einheit haben wir zwei Holzstäbe, einen aus Esche und einen aus Eiche, sowie einen Plastikstreifen aus einer Sprudelwasserflasche gewählt. Ehrlicherweise wusste ich am Anfang noch nicht genau, was ich am Ende in Händen halten würde; ich arbeitete mich einfach durch die Fertigungsschritte und war überwältigt vom Endergebnis. Es kann sein, dass Sie Ihren Entwurf nachbearbeiten müssen, bis er sich zu einem schönen Ganzen fügt, und in diesem Zuge entscheiden Sie auch, wie viele Einheiten Sie verwenden möchten. Im besten Fall werden Sie so erstaunt sein wie ich, wie naturnah und formschön das Ergebnis sein kann, selbst wenn Ihr Entwurf schlicht und gar nicht schwer umzusetzen war.

DAS BRAUCHEN SIE:

- Holzstäbe, je 5 × 18 × 297 mm, von gleicher Holzart oder gemischt, plus Reserve zum Experimentieren. Die genaue Anzahl richtet sich nach Ihrem Design.
- Kontrastmaterial (Es geht auch ohne, aber ich für meinen Teil füge gern überraschende, umweltfreundliche oder recycelte Materialien hinzu, zum Beispiel von Plastikflaschen, Getränkedosen oder Holzfurniere, die sich bei dieser Konstruktionsmethode alle gut eignen.)
- Schirmträgerplatte (eine Lampenschirmhalterung, die Sie selbst aus einem Alublech von 1–2 mm Stärke herstellen oder fertig im Internet bestellen können)
- Japan- oder kleine Zinkensäge
- Biegeschablonen (JIG1520 und JIGdry, aber je nach Ihrem Design sind auch Töpfe, Becher und Ihre eigenen Biegeschablonen geeignet)
- Weißleim oder Sekundenkleber
- M4-Gewindeschrauben und M4-Hutmuttern zur Befestigung der Trägerplatte
- Bohrer mit Bohrspitzen, passend zu den Schrauben
- Schleifpapier, Körnung 120 und 240
- Holzöl oder Lack

VORBEREITUNG

Nehmen Sie sich etwas Zeit, um mit verschiedenen Ideen spielen zu können, bevor Sie sich festlegen, wie Ihre Lampe aussehen soll. Gestalten Sie ein dreidimensionales Ausgangselement und bestimmen Sie, wie viele davon Sie für Ihre Lampe einsetzen wollen. Danach wählen Sie die geeignete Halterung. Bei unserem Lampenmodell gibt es sechs Elemente oder Einheiten, die mit Hutmuttern an einem Aluträger festgeschraubt sind. Wenn Sie Ihre Halterung selbst herstellen, zeichnen Sie die Form mit einem Permanentmarker auf das Alublech; mit einer Juweliersäge können Sie die Form präzise zuschneiden.

SO GEHEN SIE VOR:

1 Erhitzen Sie das Holz nach der Methode Ihrer Wahl (siehe Seite 72) und biegen Sie es. Dies kann nach einer der bereits beschriebenen Methoden erfolgen, aber es macht auch Spaß, andere Möglichkeiten zu erkunden. Die „Einheit" mit der gefälligen 3-D-Form für unser Modell besteht aus zwei Holzstäben, die erst am Bogendurchmesser von 15 cm der Biegeschablone JIG1520 vorgebogen und dann in noch warmem Zustand in das JIGdry-Trockengestell gespannt und dabei auf zwei verschiedene Arten verdreht wurden.

2 Trocknen Sie das Holz entweder über Nacht auf der Heizung oder tagsüber auf einem sonnenbeschienenen Fensterbrett. Wenn Ihre Stäbe auf bestimmte Weise zusammenpassen müssen, haben Sie, solange sie feucht sind, noch in erheblichem Maße die Möglichkeit sie zu biegen, zu verdrehen oder anderweitig zu manipulieren. Klammern Sie die Teile dann in dem Zustand fest, in dem sie nach dem Trocknen genau zusammenpassen.

1

2

3 Die Vorbereitung Ihres Kontrastmaterials bietet jede Menge Raum für Experimente. Wie ich finde, kann recyceltes Material aus einem ganz anderen Zusammenhang oder in neuer Form oder Bearbeitung ziemlich genial aussehen. Von unserer grünen Plastikflasche haben wir Hals und Boden abgeschnitten und das Plastik senkrecht in der Mitte aufgeschnitten. Die erhaltene Platte haben wir in schmal zulaufende Streifen von etwa 5 cm Breite an einem Ende und 2 cm am anderen geschnitten und mit 240er Schleifpapier beidseitig angeschliffen, um eine matte Oberfläche zu erzeugen. Ist es nicht verblüffend, wie wenig das Material nun noch an eine Plastikflasche erinnert?

4 Schleifen Sie das Holz mit Schleifpapier mit 120er- und dann mit 240er-Körnung in Faserrichtung glatt. Nehmen Sie von jeder Form ein Holzstäbchen und fügen Sie die Teile an den Enden zusammen. Sofern die Flächen plan aufeinanderliegen, reicht dafür Leim. Zur Sicherheit habe ich die Stäbe jedoch gedübelt. Sägen Sie anschließend an einem Ende einen Schlitz in das Holz, in den der Plastikstreifen hineinpasst. Wenn Sie das nach dem Zusammenfügen aller Holzstäbe tun, können Sie am besten sehen, wo und wie Sie am besten schneiden. Schneiden Sie die Schlitze mit einer feinen Japansäge und schleifen Sie die Schnittkanten kurz über.

5 Schieben Sie Ihre Plastikfolie in den Schlitz und tragen Sie auf beide Seiten Kleber auf.

6 Stellen Sie alle weiteren benötigten Einheiten her. Sie wiederholen dafür den gleichen Vorgang wie beim ersten Element, nur diesmal in Serie.

7 Fügen Sie die einzelnen Einheiten zur Lampe zusammen. Eventuell können Sie die Form noch etwas nachbessern, indem Sie die Trägerplatte zurechtbiegen. Dann steht sie vor Ihnen: Die Algenlampe, ein Unikat nach Ihrem, von eigener Hand umgesetzten Entwurf!

5
6

7

NESTSTUHL

Der Stuhl ist das Designobjekt par excellence. In der Welt des Designs verbinden Stühle die Bereiche Architektur, Industriedesign und Mode, und für viele Designer ist die Gestaltung des perfekten Stuhls die ultimative Herausforderung: ihr persönliches Statement zur Abwägung von Form und Funktion, Ästhetik, Ergonomie und ihrer ganz persönlichen Werte. Ich will nicht behaupten, der Neststuhl sei der perfekte Stuhl, aber es war eine stolze Herausforderung, ihn zu entwickeln, denn ich hatte mir ja vorgenommen, einen Stuhl aus Holzstäben von nur 297 mm Länge zu konzipieren, den man zu Hause herstellen und leicht den eigenen Vorstellungen anpassen kann. Nach vielen sich radikal unterscheidenden Lösungen kam ich immer wieder auf dieses Modell zurück. Es ist bequem, schlicht und seine Anfertigung macht Spaß. Er heißt „Neststuhl", weil er wie ein Nest aus einer Ansammlung von Stöckchen besteht, die zu einem bequemen Sitzplatz kombiniert werden. Die Anfertigung ist sehr einfach und die benötigte Biegeschablone kann mehrmals verwendet werden, sodass Sie auf Wunsch ein ganzes Set von Stühlen herstellen können. Für unsere Version des Neststuhls haben wir die Grundform der alten Sitzschale eines kaputten Robin-Day-Kunststoffstuhls kopiert und die Beine wiederverwendet.

DAS BRAUCHEN SIE:

- Furniersperrholz, 10 mm stark (etwa eine halbe Platte, 1,20 × 1,20 m)
- lösbare Kabelbinder, 3 × 100 mm
- mindestens 50 Holzstäbe, je 5 × 18 × 297 mm (sehr gut geeignet ist Esche, weil es sehr hartes Holz ist; soll der Stuhl jedoch draußen stehen, verwenden Sie besser Eiche)
- Säge zum Sägen von Kurven (Stichsäge, Bandsäge, Dekupiersäge) bzw. CNC-Fräse
- Dübel (Grillspieße, 3 mm für innen; Eichendübel, 5 mm für draußen)
- Bohrer mit Bohrspitzen, in Größe der Dübel
- beliebige Stuhlbeine (wir verwendeten Metallbeine eines alten Stuhls)
- Hammer
- Japansäge
- Schnellkleber (z. B. Mitre Bond)

Wie in anderen Projekten in diesem Buch bietet sich hier die Chance, selbst kreativ zu werden und durch das Spiel mit verschiedenen Profilen einzigartige Stühle zu gestalten.

VORBEREITUNG

Zuerst ermitteln Sie für Ihre Biegeschablone die Querschnittsprofile Ihrer Sitzschale. Die Querschnitte unserer Form können Sie aus unseren Vorlagen herunterladen (siehe Seite 144). Ebenso haben wir die Programmdateien für Ihre CNC-Fräse zur Verfügung gestellt. Zeichnen Sie die Querschnitte auf Papier, kleben Sie die Vorlagen auf Ihre Sperrholzplatte und schneiden Sie die Teile zu. In die Kanten, an denen die Holzstäbe angelegt werden, schneiden Sie eine Reihe von Schlitzen von etwa 40 mm Länge und 5 mm Breite. Die Schlitze ermöglichen Ihnen später das Festzurren der Kabelbinder, mit denen die Stäbe an der Biegeschablone befestigt und in die benötigte Form gebogen werden. Sind alle Holzplatten fertig, stecken Sie die Profile ineinander und erhalten die Biegeschablone für Ihren Stuhl.

Bereiten Sie Ihre Holzstäbe vor: Für den ersten Stuhl empfehle ich, einfach loszulegen, aber wenn Sie mit der Anfertigungsmethode erst einmal vertraut sind, möchten Sie das Holz vielleicht vor dem Dämpfen schleifen, wofür Sie zunächst die Fasern mit heißem Wasser „aufstellen" sollten, um dann die Oberfläche wieder glatt zu schleifen, was Ihnen später eine Menge Zeit erspart. Ebenso können Sie die Stabenden vor Beginn abrunden.

Erstellen Sie einen Auslegeplan für die Holzstäbe: Möchten Sie eine symmetrische oder eine abstrakte Anordnung? Markieren Sie Ihren Ausgangspunkt und deuten Sie die Lage der Stäbe mit Linien oder Klebeband auf Ihrer Biegeschablone an; vergessen Sie dabei nicht, dass Sie die Stäbe auch kürzen können. Beim ersten Mal rate ich zu einer abstrakten Anordnung, denn dabei können Sie nichts wirklich falsch machen.

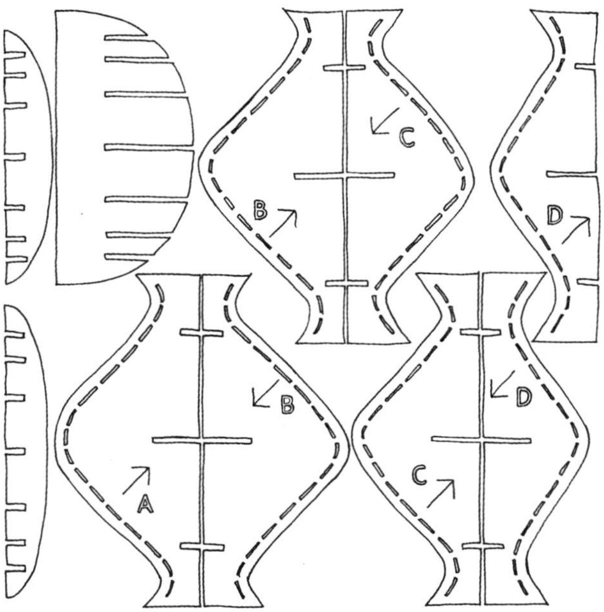

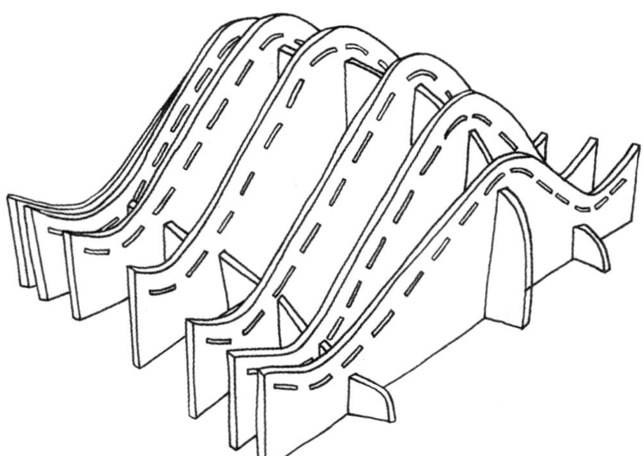

SO GEHEN SIE VOR:

1 Erhitzen Sie das Holz nach der Methode Ihrer Wahl. Legen Sie eine erste Schicht aus Holzstäben auf die Biegeschablone. Zum Biegen pressen Sie das Holz mit den Händen dicht gegen die Form und zurren die Enden mit Kabelbindern fest. Diese erste Lage bildet später die Sitzfläche; wenn Ihr Stuhl also ein Esszimmerstuhl ohne Kissenauflage sein soll, ist es ratsam, dass sich die Stäbe nicht überlappen; für einen anderen Gebrauch können Sie sie wild durcheinander legen!

2 Formen Sie die Holzstäbe der zweiten Lage direkt über der ersten und verbinden Sie die Stäbe jeweils an den Kreuzungspunkten mit Kabelbindern. Vervollständigen Sie Ihre Stuhlform mit einer dritten Lage Holzstäbe. Insgesamt dürften sie damit zwei bis drei Stunden beschäftigt sein.

3 Bohren Sie an den Stellen Löcher in die Stäbe, wo sich die einzelnen Schichten überlagern; vermei-

4

5

den Sie dabei möglichst, in Ihre Biegeschablone zu bohren. Streichen Sie Ihre Dübel mit Schnellkleber ein und schlagen Sie sie mit dem Hammer in die Bohrlöcher.

4 Nach dem Aushärten des Klebers lösen Sie die Kabelbinder. Kürzen Sie die Dübel mit der Japansäge oder knipsen Sie sie mit der Drahtschere bündig ab und schleifen Sie sie anschließend glatt.

5 Heben Sie Ihre Sitzschale vorsichtig von der Biegeschablone und drehen Sie sie um.

6 Kürzen Sie die Dübel auf der Sitzfläche des Stuhls und und schleifen Sie sie ebenfalls glatt.

7 Schneiden Sie überstehendes Holz weg und montieren Sie die Schale auf die gewählten Stuhlbeine. Wir schraubten das Gestell eines alten Robin-Day-Stuhls darunter, genauso könnte es bei Ihnen aber auch der Fuß eines alten Drehsessels oder ein selbstgebautes Gestell aus Holz oder Metall sein. Dann kommt die erste Sitzprobe: Fühlt sich die Konstruktion bequem und stabil genug an? Sie können noch immer etwas wegnehmen oder zur Verstärkung der Sitzschale mehr Stäbe hinzufügen.

Vervollständigen Sie Ihre Arbeit mit einem Feinschliff und einem Holzschutz. Mehrere Schichten Öl, mit einem kleinen Pinsel dünn aufgetragen und dann mit einem großen, trockenen Pinsel poliert, ist der einfachste Weg, dies zu tun. Dann können Sie verdientermaßen Platz nehmen und sich ausruhen!

Die zunehmende Erfahrung mit dieser Technik wird Sie immer mehr zum Experimentieren mit unterschiedlichen Formen verführen.

IN DER GROSSEN WERKSTATT

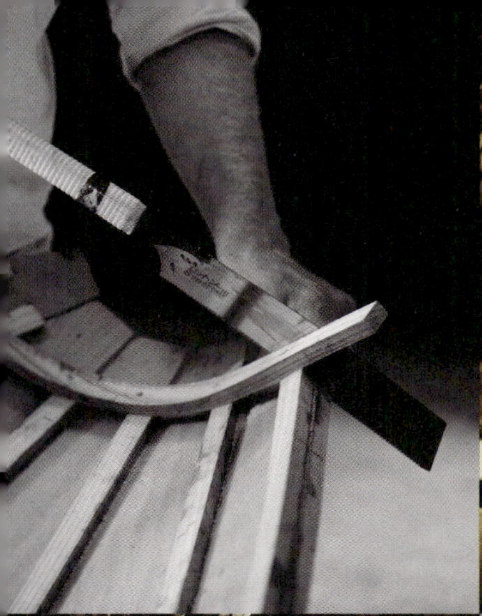

ES WAR EINE DER BEEINDRUCKENDSTEN ERFAHRUNGEN MEINES LEBENS: *Eine Steckdose, die mit Staub und Holzspänen zugesetzt war, hatte Feuer gefangen. Ein außergewöhnlicher Unfall und meine Werkbank, meine Werkzeuge, die Werkzeuge meiner Kollegen und alle meine Arbeiten waren zunichte gemacht. Der Holzboden stand in Flammen, die Eichenbalken hoch über meinem Kopf ebenso. Die Party nebenan, von der ich gerade gekommen war, wurde nun zur Rettungsparty, die Gäste bildeten eine Kette und reichten sich die Wassereimer weiter. Als wir nach und nach das Feuer gelöscht hatten, zeigte sich in dem schwarzen, schwelenden Schutt das ganze Ausmaß: Ich hatte über 100 Handwerkszeuge und alle Maschinen verloren, die ich über einen Zeitraum von 10 Jahren zusammengetragen hatte. Als ich in dieser Nacht ins Bett ging, fühlte ich mich trotzdem seltsam unbesiegbar, ja irgendwie befreit. Erst kurz zuvor war ich aus einem 50 Meter langen Werkstattstudio ausgezogen, wo wir so große Skulpturen herstellten, dass wir mit Fahrrädern zwischen den verschiedenen Teilen hin- und herfuhren – und jetzt war da nichts mehr. Ohne die Mittel zum Weiterarbeiten war ich frei!*

Da ich keine Versicherung und nur wenig Geld hatte, bedeutete der Neustart eine Rückkehr zu den Anfängen. Während wir die verkohlten Reste in Müllcontainer luden, zeigte aber ein Blick gen Himmel, dass der Wald mit seinen herrlichen Bäumen dastand wie immer. Und obwohl uns nur ein Minimum an Werkzeugen zur Verfügung stand, brauchte es nur ein paar gerade Bretter aus Eiche oder Esche, um kunstvolle Arbeiten anzufertigen und uns wieder ins Geschäft zu bringen.

Im Rückblick auf diese Erfahrung beschäftigt sich dieser Abschnitt mit Biegungen und Konstruktionen, die Sie in Ihrer Werkstatt mit einem Minimum an kostengünstigen Werkzeugen ausführen können. Eine richtige Werkstatt zum Dampfbiegen zur Verfügung zu haben, ist eine Freude: der zusätzliche Platz ermöglicht es Ihnen, an größeren Formaten zu arbeiten, und Sie haben Werkzeuge und Biegeschablonen in Ihrer Nähe, was alles einfacher und schneller macht. Biegevorrichtungen und Apparaturen zum Dampfbiegen sind fast immer selbstgemacht, und wenn Sie erst einmal angefangen haben, Ihre eigenen Werkzeuge herzustellen, wird Ihnen schnell bewusst werden, dass fast alles möglich ist! Wie bei allen Projekten in diesem Buch betrachten Sie bitte auch diese letzten drei als Ausgangsbasis für Ihre eigenen Kreationen, sozusagen als Sprungbretter für das Eintauchen in das, was mit einfachem, umweltfreundlichem Grünholz alles möglich ist. Sie können die Projekte daher als genaue Bauanleitungen für ein fertiges Design lesen oder sie an den Anfang Ihres eigenen weiterführenden Designprozesses stellen.

Für die Biegungen in diesem letzten Abschnitt des Buches werden wir eine Kunststoffrohr-Dampfkammer verwenden. Das Dampfrohr zählt zu den einfachsten Apparaturen zum Erhitzen von Holz und ist besonders dann angezeigt, wenn Sie zwar keine großen Mengen an Holz, dafür aber längere Stücke zu erhitzen haben.

DAS DAMPFROHR

Das Dampfrohr ist extrem leicht hergestellt und kann bei allen Projekten in diesem Kapitel zum Erhitzen des Holzes verwendet werden. Sie können ein Abflussrohr in Verbindung mit einem handelsüblichen Dampf-Tapetenablöser als Dampferzeuger verwenden.

DAS BRAUCHEN SIE:

- Kunststoffrohr (als Dampfkammer), mindestens 2,50 m lang, ø 100 mm (PVC kann beim Erhitzen aufweichen, daher besser Polyethylen oder Polypropylen wählen)
- Alu-Klebestreifen und Holz- oder Schaumstoffpfropfen oder Plastikkappe (nicht unbedingt erforderlich) zum Abdichten des Rohrendes
- Rohrisoliermaterial, z. B. Rohrschalen (nicht unbedingt erforderlich)
- Dampf-Tapetenablöser bzw. Dampferzeuger

SO GEHEN SIE VOR:

1 Verwenden Sie nach Möglichkeit ein hitzebeständiges Rohr, das sich nicht verzieht. Wenn nötig, isolieren Sie es, vor allem, wenn Ihre Werkstatt unbeheizt oder zugig ist. Legen Sie das Rohr auf eine waagerechte Unterlage mit einer leichten Neigung nach unten, sodass entstehendes Wasser in einen Eimer ablaufen kann.

2 Stecken Sie den Schlauch des Tapetenablösers durch einen passgenauen Holz-, Schaumstoff- oder Plastikpfropfen hindurch in das eine Rohrende oder dichten Sie mit Aluminium-Klebeband ab.

3 Legen Sie Ihr Holz in das Dampfrohr, versiegeln Sie auch das vordere Ende mit einem Pfropfen oder Aluband, lassen Sie hier aber kleine Löcher oder eine kleine Öffnung, damit Dampf entweichen oder Wasser abfließen kann.

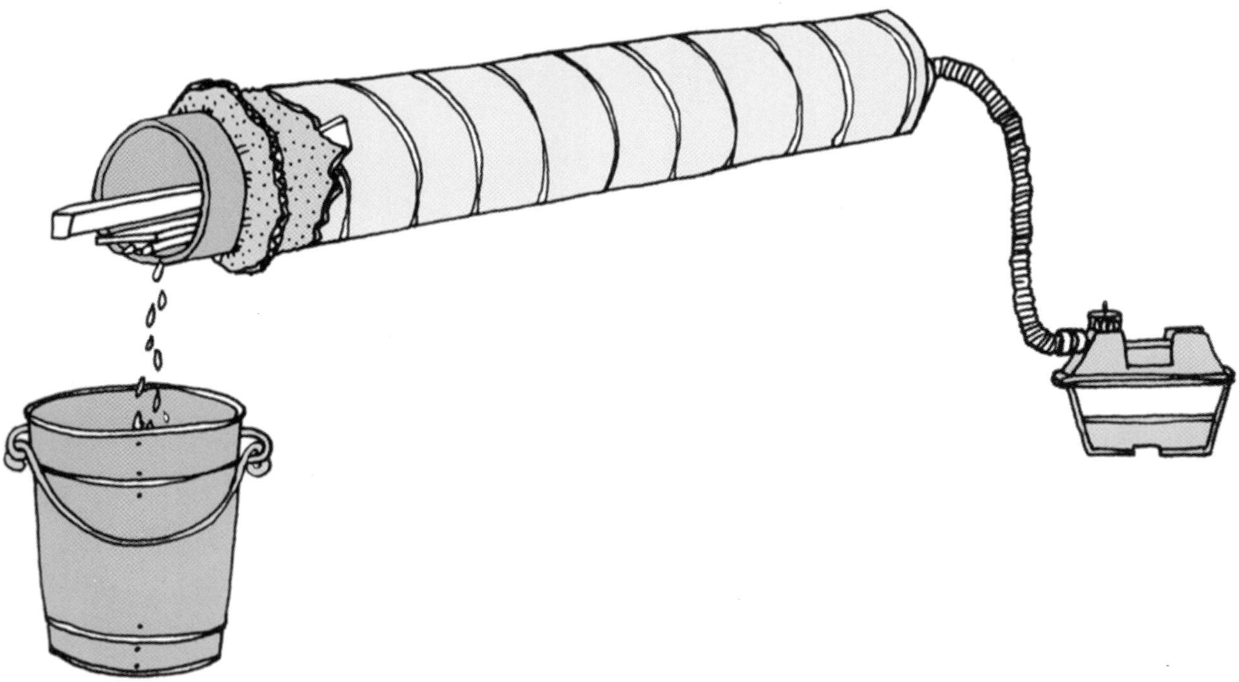

THEMA
SICHERHEIT

Lassen Sie das Dampfrohr niemals unbeaufsichtigt. Tragen Sie beim Arbeiten mit dem Dampfrohr oder gedämpftem Holz stets Hitzeschutzhandschuhe.

KOMPRESSIONSGURT MIT SPANNKEILEN

Wie wir gelernt haben, werden beim Holzbiegen die hohlen Pflanzenzellen an der Außenseite der Biegung verflacht und gestreckt, die Zellen an der Innenseite dagegen zusammengeschoben und gequetscht wie bei einer Konzertina. Kommt es zum Bruch, geschieht dies fast immer an der Außenseite. Ein um die Außenseite der Biegung gelegtes Stahlband, das viel stärkerer Zugbelastung standhält als Holz, zwingt das Holz jedoch in die Kompression und mit einem Mal sind engere Biegeradien und damit aufregendere Dinge möglich! Für die nächsten beiden Gegenstände in diesem Buch verwenden wir solche Kompressionsbänder, um engere, größere Biegungen zu erreichen. Die erste Konstruktion ist einfach in der Anwendung: Das Stahlband wird mit Keilen in zwei hölzerne Endstücke zu einer Art Gurt verspannt. Dieser Gurt ist sehr schnell einsatzbereit, da keine komplizierten Verklammerungen nötig sind. Das einzige, was passieren kann, ist, dass das Holz durch den extremen Druck seitlich ausschert. Die Gefahr lässt sich durch Verwendung der N-förmigen Sperrholzausschnitte (siehe Vorlagen auf meiner Webseite, S. 144) oder der H-Klemmen (siehe Seite 68) vermeiden. Sollten sich Ihr Holz und Band während des Biegens in irgendeiner Weise verschieben, drücken Sie die Klemmen auf die Rückseite des Bandes.

DAS BRAUCHEN SIE:

- 2 Sperrholzbrettchen, 18 bzw. 24 mm × 75 mm, 500 mm lang (a)
- 2 Sperrholzblöcke, 24 × 75 × 85 mm (b)
- 4 Hartholzstäbe, 24 × 24 mm, 350 mm lang (c)
- 4 Hartholzleisten, 24 × 24 mm, 500 mm lang (d)
- 1 Stahlband (Edelstahl oder verzinkt), 1–2 mm dick, 25 mm breit, 2,4 m lang (e)
- 4 Keile, je 240 mm lang, Seitenflächen 24 × 24 mm, spitzwinklig zulaufend (f)
- 2 Keile, je 240 mm lang, Seitenflächen 20 × 60 mm, verjüngt auf 20 mm (g)

1 Legen Sie alle Teile zurecht.

2 Messen Sie jeweils auf der Oberseite der Sperrholzblöcke (b) an einer Längskante 1 cm ab und ziehen Sie eine Linie von dort zur gegenüberliegenden Ecke der anderen Längskante. Schrägen Sie entlang dieser Linie das eine Ende des Blockes ab, wonach die Schmalkante des Blockes etwa in einem Winkel von 86° spitz zuläuft. Zeichnen Sie einen Mittelstreifen von 27 mm Breite auf jeden Block, der parallel zu den Längskanten und von der Schrägkante zur gegenüberliegenden geraden Kante über die Blockoberseite verläuft, wobei Sie bei den beiden Blöcken auf spiegelverkehrte Lage achten müssen. Stemmen Sie die Nut etwa 2 mm tief mit dem Meißel aus.

3 An allen vier Hartholzleisten (d) ziehen Sie, gemessen von einem Ende, Querstriche bei 50 und 100 mm, und kennzeichnen den Bereich dazwischen zum Entfernen. Zeichnen Sie zwei weitere Querstriche bei 250 und 300 mm und markieren Sie den Zwischenbereich wie oben. Die markierten Zwischenbereiche von jeweils 50 mm Breite heben Sie an zwei Leisten jeweils 5 mm tief und an den anderen beiden Leisten 12 mm tief aus.

4 Markieren Sie die Mitte des Stahlbandes (e) und messen Sie von dort zur rechten und zur linken Seite jeweils 1100 mm ab; kennzeichnen Sie diese Abmessung durch Querstriche.

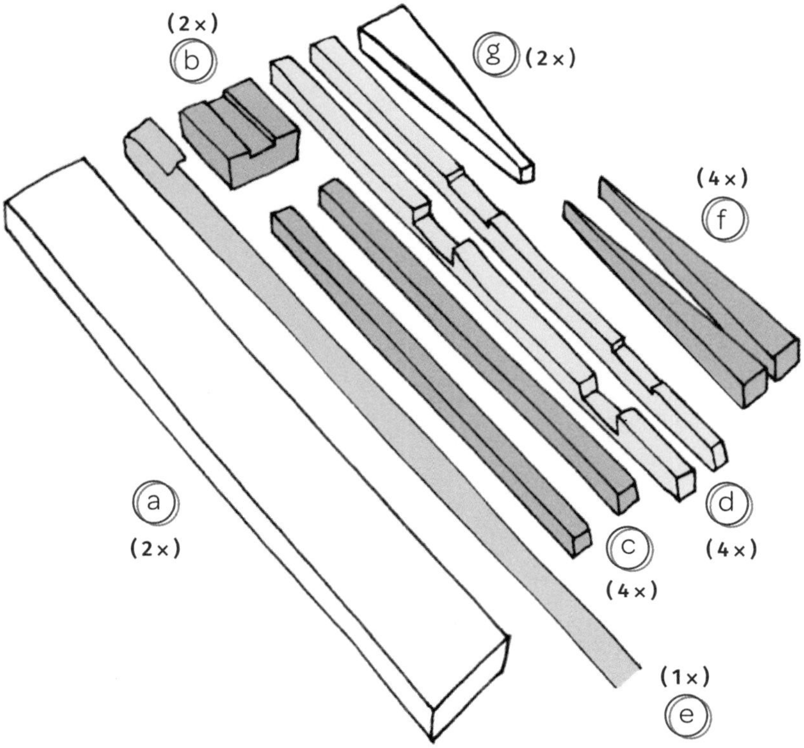

5 Schrauben Sie einen Klotz (b) mit dem ausgehobenen Mittelstreifen nach unten und dem geraden Ende nach hinten bündig auf das Ende eines Sperrholzbrettchens (a) und schieben Sie das Stahlband durch. Bei der Markierungslinie von 1100 mm biegen Sie das Band im 90°-Winkel nach oben und noch einmal nach vorn, passgenau um den Klotz herum (eventuell müssen Sie das Band zum Biegen – vor allem, wenn es sich um dicken Stahl handelt – in einen Schraubstock spannen und/oder mit dem Hammer bearbeiten). Bohren Sie am Ende des Stahlbandes ein Loch durch die obere Lage des Stahls, den Sperrholzklotz und die untere Lage des Stahlbandes und schrauben Sie die Lagen zusammen. Wiederholen Sie dies am anderen Ende des Bandes mit dem zweiten Klotz (b).

6 Schrauben Sie gegenüber dem Klotz (b) zwei Hartholzstäbe (c) so nebeneinander an das andere Ende des Sperrholzbrettchens (a), dass alle Außenkanten möglichst bündig mit dem Sperrholz abschließen.

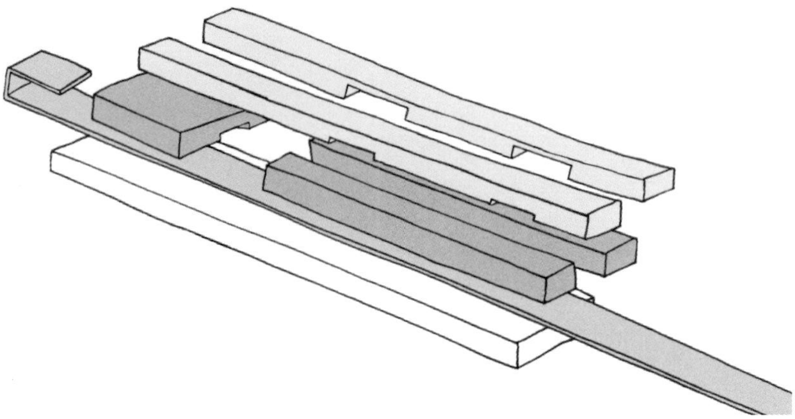

7 Vervollständigen Sie das Endstück des Kompressionsgurts durch Aufschrauben der langen Leisten (d). Dabei geht die Leiste mit der tieferen Nut von 12 mm an die Seite, an der der Klotz (b) verkürzt ist, und die Leiste mit der flacheren Nut von 5 mm Tiefe an die andere Seite. Wiederholen Sie den gleichen Aufbau am anderen Ende des Stahlbandes und Sie sind fertig.

SCHLITTEN

Fragt man nach Gegenständen, die dampfgebogen sind, rangiert der Schlitten für gewöhnlich unter den ersten fünf Nennungen. Der gute alte Holzschlitten sieht großartig aus und ist auf vereistem, kompaktem Schnee unschlagbar. Dieser Schlitten kann seinen Platz in unserem Leben während des ganzen Jahres behaupten, und zwar als zeitlos schöner Beistelltisch. Der Schlitten ist kein kompliziertes Projekt und erfordert lediglich Kenntnisse über simple Holzverbindungen. Insgesamt wird die Sache einfacher, wenn Sie an den Biegestellen auf besonders fasergerades, sauberes, frisches Holz achten.

DAS BRAUCHEN SIE:

- 1 halbe Platte 18-mm-Furniersperrholz (o. Ä.)
- 3 Eschenstäbe plus Reserve, sehr geradfaserig, 24 × 24 mm, 2000 mm lang
- 10 Eichenlamellen (oder jedes andere Hartholz), 10 × 50 × 350 mm
- 40 Hartholzdübel, einseitig leicht gerundet, 8 x 40 mm (können selbstgemacht werden)
- Schneidegerät für Furniersperrholz (z. B. Fräse, Stichsäge, Bandsäge bzw. CNC-Maschine)
- Kompressionsgurt, 2 m (siehe Seite 108)
- G-Zwingen
- Hammer
- Säge
- Streichmaß
- Akkubohrmaschine mit Bohrspitzen, ø 3 und 8 mm
- Schnitz- bzw. Formwerkzeug für Holz (z. B. Schabhobel, Stechbeitel oder Schleifmaschine)
- Schleifmittel, Körnung von 120 bis 240 (Exzenterschleifer, Ziehklinge und/oder Schleifblock)
- Kleber (PVA- oder Epoxidkleber für den Außenbereich)
- 2 Stahl-/Edelstahlkufen, 2 × 20 mm (vom Eisenwarenhändler oder online)
- Edelstahlschrauben, 4,0 × 20 × 20 mm
- Holzlack für den Außenbereich
- gehärtete Glasplatte, ca. 8 mm stark, 350 × 350 mm, oder andere dekorative Tischplatte
- Packung mit selbstklebenden Gumminoppen
- Seil

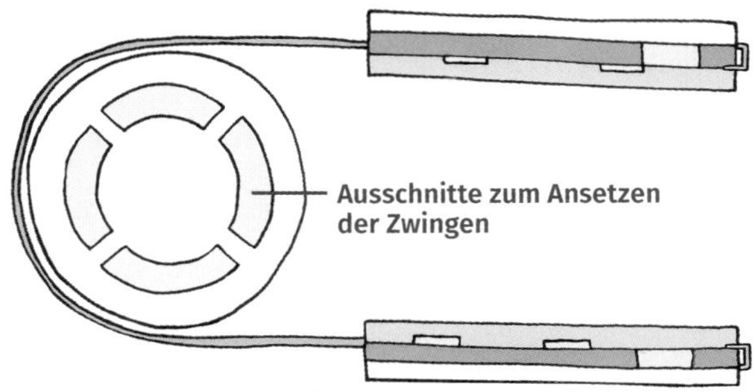

ANFERTIGUNG DER BIEGESCHABLONE

Schneiden Sie eine Sperrholzscheibe mit einem Kreisdurchmesser von 450 mm. Wir taten dies mit dem Kreisschneider der Oberfräse, aber Sie können auch eine Stichsäge, eine Bandsäge oder eine CNC-Fräse verwenden. Nehmen Sie die oben gezeigten bogenförmigen Rechteckausschnitte zum Befestigen der Zwingen vor. Die Dicke der Holzscheibe muss mindestens 72 mm betragen, wir legten daher vier Sperrholzscheiben von je 18 mm Stärke zusammen, aber wenn Sie Bretter oder Holzreste anderer Stärken vorrätig haben, verwenden Sie diese. Bei mehreren Teilen schrauben Sie diese zusammen und stellen dann die Scheibe mithilfe eines Schraubstocks hochkant. Sie erhalten eine wunderbare Biegeschablone für vielfältige Anwendungsmöglichkeiten. Halten Sie Ihren Kompressionsgurt und die Spannkeile bereit (siehe Seite 108–109).

SO GEHEN SIE VOR:

1 Erhitzen Sie die 2 m langen Holzstäbe für 1 Stunde. Legen Sie das Holz in Ihren Kompressionsgurt und klemmen Sie es an beiden Enden mit je einem der kleineren Keile fest. Schlagen Sie den größeren Keil mit dem Hammer so fest ein wie Sie können, woraufhin sich das Band bereits leicht biegen dürfte.

2 Heben Sie Ihr Holz zusammen mit dem Kompressionsgurt (an der Außenseite des Holzes) auf Ihre Biegeschablone und legen Sie eine erste Zwinge an den Mittelpunkt des Bandes und den Mittelpunkt der Biegeschablone; legen Sie die rückwärtige Kante des Holzstabes bündig an die äußere Kante der Biegeschablone.

Biegen Sie das Holz im Radius von 180° – Sie brauchen dafür einen Helfer, damit auf beiden Seiten gleichermaßen Kraft aufgewendet wird und das Holz nicht von der Biegeschablone abrutscht. Sollte das Holz zu irgendeinem Zeitpunkt während des Biegens abknicken oder nicht straff an der Biegeschablone anliegen, helfen Sie sofort mit einer Zwinge nach. Nach erfolgter Biegung von

etwa 180° klemmen Sie das Holz seitlich an die Biegeschablone.

3 Nachdem das Holz ausgekühlt ist, lösen Sie den Kompressionsgurt und wiederholen den Biegevorgang mit den beiden weiteren Eschenstäben. Lassen Sie währenddessen den ersten Stab über der Biegeschablone: ihre Auflagefläche ist breit genug, um allen drei Teilen gleichzeitig Platz zu bieten. Wir werden auch alle drei Holzstäbe zusammen auf der Biegeschablone trocknen lassen, nur so ist sichergestellt, dass sie genau gleich werden. Während des Trocknens empfiehlt es sich, die Enden zusammenzuklammern.

Lassen Sie das Holz auf einem Heizkörper oder in einem Trockenraum zwei Tage lang trocknen.

4 Zeichnen Sie, solange sich das Holz noch auf der Biegeschablone befindet, die Mitten der Bögen an und schneiden Sie das Holz nach dem Abnehmen mittig durch.

5 Legen Sie die sechs Teile nebeneinander. Falls nötig, schneiden Sie die Enden bündig auf eine Länge.

6 Drehen Sie von zwei Teilen eines um und legen Sie beide aneinander, woraus sich die Außenseite des Schlittenrahmens ergibt. Zum Aneinanderfügen legen Sie die Enden der Teile zusammen, zeichnen an, wo sie sich überlappen und arbeiten eine Überblattung, indem Sie an den Überlappungen die Teile beidseitig halbieren, bis sie passgenau ineinandergreifen. Wiederholen Sie dies mit zwei weiteren Stäben.

Damit die Teile während des Weiterarbeitens zusammenhalten, können Sie beide Teile an der Überblattung durchbohren und einen Dübel durchstecken.

7 Legen Sie die Strebe für den Mittelteil auf wie gezeigt, und zeichnen Sie mit dem Bleistift an, wo Sie schneiden müssen, um sie in den Rahmen einfügen zu können.

8 Entfernen Sie die Dübel und arbeiten Sie an der Strebe beidseitig Zapfenverbindungen von etwa 7 mm Breite

und 10 mm Tiefe. Mit einem Streichmaß können Sie diese exakt passgenau arbeiten.

9 Klammern Sie die beiden Rahmenhälften Ihres Schlittens zusammen, damit sie aufrecht stehen und ziehen Sie 400 mm von der Vorderkante eine Linie, die den vorderen Ansatzpunkt des Sitzes anzeigt. Bohren Sie in die Enden Ihrer Lamellen je zwei Löcher von 8 mm Durchmesser und 12 mm Abstand von der Außen- und der Seitenkante.

10 Überarbeiten Sie, wenn Sie möchten, die Rahmenteile einschließlich der Lamellen mit einem Schabhobel oder einem Schleifblock und 120er-Schleifpapier. Für ein gefälligeres Aussehen und um die Schnelligkeit des Schlittens zu erhöhen, können Sie die Profile abrunden. Dadurch verringert sich das Gewicht des Schlittens und der Schnee kann durch die Lamellen fallen.

11 Kleben Sie den Rahmen mit wasserfestem PVA- oder Epoxidkleber (bei geringstem Zweifel an der Passgenau-

9

10

igkeit der Rahmenteile verwenden Sie Epoxidkleber, da er kleine Lücken verfüllt).

12 Bohren Sie zur Anbringung der Lamellen Löcher in den Rahmen und dübeln Sie die Lamellen fest. Zum Schutz des Schlittens kann es besser sein, wenn Sie beim Einschlagen der Dübel Stützblöcke unterlegen. Mit einem großen Winkeleisen überprüfen Sie, dass alles gerade ist und schon haben Sie einen Schlitten!

13 Falls Sie Kufen anfügen, bohren Sie alle 150 mm versenkte 5-mm-Löcher in das Metall. Zeichnen Sie die Lage Ihrer Kufen am Schlitten an und bohren Sie 3-mm-Pilotlöcher vor. Bohren Sie außerdem Löcher für die Zugleine. Nach dem Feinschliff lackieren Sie das Holz mit mehreren Schichten Holzlack für den Außenbereich.

Schrauben Sie die Kufen an und befestigen Sie die Zugleine. Für die Nutzung im „Tisch-Modus" kleben Sie Gumminoppen unter die Kufen und unter die Glasplatte. Für die Nutzung im „Schlitten-Modus" nehmen Sie das alles wieder ab und machen sich auf zum nächsten Hügel.

SCHAUKELSTUHL MIT BOGENLEHNE

Bei diesem Schaukelstuhl handelt es sich um eine Variante des klassischen Windsorstuhls, der dem allgegenwärtigen „Wiener Sessel“, dem Lieblingsstuhl Nr. 209 meines Idols Michael Thonet, um mehrere Jahrhunderte vorausging. Ich habe die interessanteste Bogenform dieses Stuhls übernommen, nämlich den Arm- und Rückenlehnenbügel aus einem Stück, und selber noch einige zeitgemäße Akzente hinzugefügt, um Ihnen das kreative Potenzial des Dampfbiegens noch einmal mehr vor Augen zu führen. Dieser Stuhl ist angesichts der Arbeit, die man in die Herstellung der Biegeschablonen und die Vorbereitung der Teile stecken muss, nicht auf die Schnelle gemacht. Er ist mit Sicherheit das anspruchsvollste Projekt in diesem Buch, dennoch sind die einzelnen Arbeitsschritte einfach und man braucht keine Spezialkenntnisse, die über die Grundlagen der Holzbearbeitung hinausgehen. Stattdessen sind Leidenschaft, Geduld und Sorgfalt gefordert, denn in diesem Stuhl steckt genug Holzarbeit, um Sie für mehrere Tage oder sogar Wochen zu beschäftigen.

DAS BRAUCHEN SIE:
Hochwertiges, fasergerades, nicht abgelagertes Hartholz, idealerweise Esche, Eiche, Ulme oder Nussbaum. Das Holz weist idealerweise einen Feuchtegehalt von mehr als 15 % auf. Eine Ausnahme bildet die Sitzfläche, die, bevor Sie Löcher hineinbohren können, etwa fünf Tage lang in einem Trockenraum oder über einem warmen Heizkörper getrocknet werden muss, um einen Feuchtegehalt von unter 10 % zu erreichen. Ich habe den Stuhl so entworfen, dass für Rücken, Arme, Kufen und Teile der Biegeschablone die gleiche Holzstärke verwendet werden kann; für den gesamten Rest wird eine Stärke von 55 mm verwendet. Dahinter steht der Gedanke, dass man alle benötigten Teile aus einem 55 mm dicken Grünholzbrett von 450 mm Breite und 2,5 m Länge schneiden kann und gleichzeitig noch Spielraum für Reserve und Experimente hat. Achten Sie darauf, dass Sie die besten Holzstücke mit dem geradlinigsten Faserlauf für den aus einem Stück bestehenden Arm- und Rückenlehnenbügel zurücklegen. Sie können die Bearbeitung mit maschinellen Geräten vornehmen oder auf traditionelles Handwerkszeug zur Grünholzbearbeitung wie Spalt- und Zugmesser zurückgreifen.

Teil	**Menge**	**Länge in mm**	**Breite in mm**	**Dicke in mm**
Umlaufende Lehne	2 (+Reserve)	2000	24	24
Beine	2	500	ca. 55	ca. 55
Kufen	2	1000	24	24
Sitzfläche	1	450	450	ca. 55
Keile, 16 Stück	4	240	ca. 225	ca. 55
Zusatzholz für Stützen, Biegeschablonen etc.	4	1000	24	24

SONSTIGES MATERIAL

- Material für Doppelkompressionsgurt (siehe Seite 122)
- 1 Paket Schrauben, 4,0 × 45 mm
- Holzleim (PVA-Weißleim oder Epoxidkleber)
- Holzöl (Osmo Hartwachsöl oder Danish Oil)

WERKZEUGE

- stabile Werkbank mit Schraubstock
- einfachen Kompressionsgurt mit Spannkeilen (siehe Seite 108)
- Schneidewerkzeug für Furniersperrholz (Stichsäge, Fräse, CNC-Fräse etc.)
- 2 G-Zwingen, 100 mm
- 1 Korpuszwinge oder Flächenspanner, 500 mm
- Akkubohrschrauber mit entsprechenden Aufsätzen
- leistungsstarke Handbohr- oder Säulenbohrmaschine
- Schneidewerkzeug für Rundzapfen (Drehbank, Rundungshobel oder 50-mm-Veritas-Zapfenschneider)
- Forstnerbohrer, ø 50 mm
- Winkelmesser und Stellschmiege
- Anreißmesser und Streichmaß
- Schnitz- und Formwerkzeug (Winkelschleifer, Power-Feile/Bandschleifer etc. und/oder Dechsel, Axt, Zugmesser, Schabhobel, Meißel etc.)
- Schleifwerkzeug (Exzenterschleifer und/oder Ziehklinge, Schleifpapier)
- Klopfholz oder Hammer

BIEGESCHABLONE FÜR DIE UMLAUFENDE LEHNE

1 Fertigen Sie 16 Keile von 250 mm Länge, etwa 45 mm dick an einem Ende und 15 mm am anderen. Schneiden Sie drei davon längs in der Mitte durch und legen Sie sie für Ihren Kompressionsgurt beiseite.

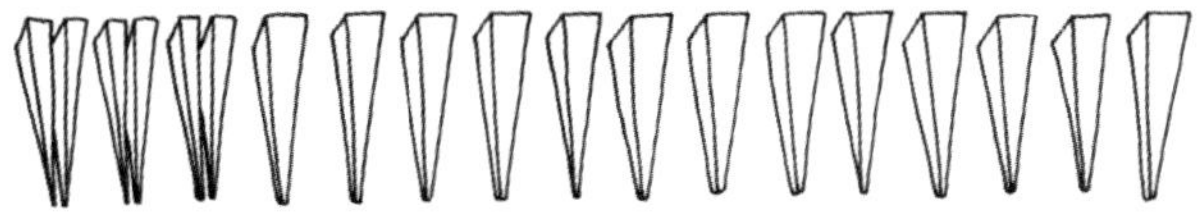

2 Übertragen Sie die Umrisse der Biegeschablone (siehe Seite 144) auf Ihr Sperrholz und schneiden Sie alle Teile zu. Wir haben eine Oberfräse mit einem 12-mm-Fräser und einem Zirkelaufsatz für große Kreise verwendet, genauso können Sie die vorgezeichneten Umrisse mit einer Stichsäge zuschneiden. Das Zeichnen gelingt am einfachsten, wenn man mit den sechs Mittelpunkten der Radien beginnt (siehe Abbildung), da viele Maße von diesen Punkten ausgehen. Sofern Sie zwei Lagen Sperrholz von 12 mm Querschnitt verwenden, um auf das Gesamtmaß von 24 mm zu kommen, können Sie entweder alle Teile zweimal zuschneiden, wie wir das getan haben, oder Ihre Ausgangsplatte in der Mitte durchschneiden, die Hälften zusammenkleben und so von Anfang an mit einer 24 mm dicken Platte arbeiten. Wenn Sie mit einer CNC-Maschine arbeiten, steht Ihnen der Download der Fräsdateien auf unserer Homepage zur Verfügung (siehe Seite 144).

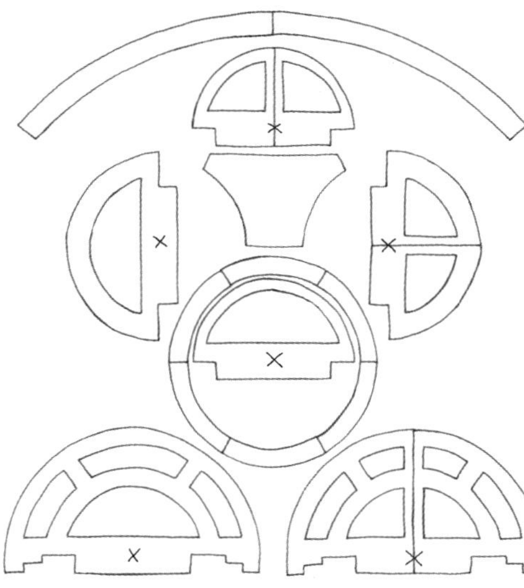

3 Die nachstehend abgebildeten Teile benötigen Sie für die Biegeschablone der umlaufenden Arm- und Rückenlehne.

4 Setzen Sie die Schablonenteile wie folgt zusammen: Schrauben oder kleben Sie jeweils die größten Bogenformen, ausgerichtet an den Innenausschnitten, in die Mitte – und stellen Sie sicher, dass Sie die Bögen auf der rechten und linken Seite gegengleich montieren. Stellen Sie auch zusätzliche Stützen (wie die vier auf dem Bild unten gezeigten) aus geradfaserigem Hartholz her. Beim Zusammenstellen kann noch eine Feinanpassung erforderlich sein, bis alle Teile exakt ineinandergreifen. Da das Hineinschrauben in Sperrholzkanten nicht ideal ist, werden in diesem Stadium zusätzliche Stützmittel erforderlich. Fügen Sie geeignete Stützelemente hinzu, sowie alles, was Ihnen zusätzlich zur Verstärkung einfällt, damit die Vorrichtung insgesamt nach dem Einspannen der quadratischen Stütze in einen Schraubstock absolut stabil ist; dann ist die Biegeschablone einsatzbereit!

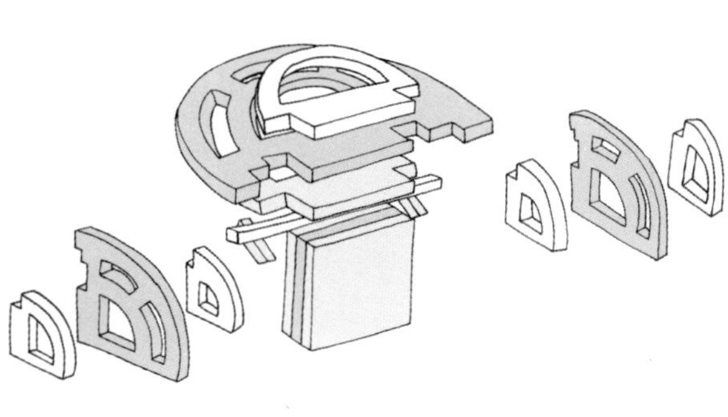

ZWISCHENSCHRITT: ZWEIDIMENSIONALE BIEGEPROBE

Hier bietet sich eine gute Gelegenheit, den Kompressionsgurt von Seite 108 auszuprobieren, bevor Sie sich an die dreidimensionale Biegung machen. Bewahren Sie das Endprodukt auf, denn es wird später noch seinen Weg in den Stuhl finden.

5 Dämpfen Sie das 2 m lange Holz vom Querschnitt 24 × 24 mm über eine Stunde. Spannen Sie Ihre Biegeschablone an der quadratischen Stütze in einen Schraubstock und legen Sie zurecht, was Sie brauchen: Den Kompressionsgurt, die Keile und den Hammer. Nachdem Sie nun das heiße Holz aus Ihrer Dampfkammer genommen haben, verbleibt Ihnen etwa eine Minute Zeit zum Biegen! Legen Sie das Holz in die Halterung des Kompressionsgurts und klemmen Sie es mit den Keilen fest. Treiben Sie an beiden Enden mit dem Hammer einen großen Keil hinein, um das Holz unter Spannung zu setzen.

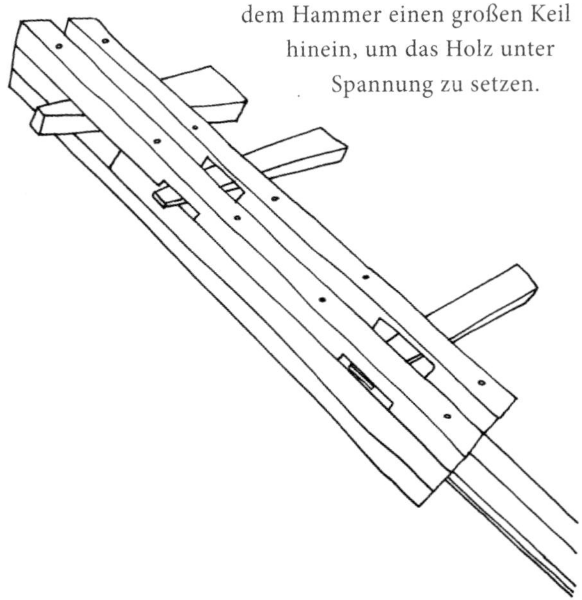

6 Heben Sie das Holz mitsamt der Kompressionsvorrichtung auf Ihre Biegeschablone und sorgen Sie für exaktes Zusammentreffen der Bandmitte und der Mitte der Bogenform, bevor Sie am Mittelpunkt den ersten Befestigungskeil hineinschlagen. Biegen Sie das Holz beidseitig im Radius von je 90° und sichern Sie den Bogen anschließend auf beiden Seiten durch je zwei weitere Keile. Das wäre geschafft!

ANFERTIGUNG EINES „DOPPELKOMPRESSIONSGURTES"

Hierbei handelt es sich um eine besondere Form des Kompressionsgurtes, die es nur für Biegungen dieses Typs gibt. Sie werden feststellen, dass alle Stuhlmacher Ihre eigene Version davon besitzen. Meine Version ist so einfach wie möglich, ausgelegt sowohl für Biegungen an einem linken wie einem rechten Holzarm, die dank dieser Vorrichtung in weniger als einer Minute ausgeführt werden können, ohne das Holz nochmalig erhitzen zu müssen.

DAS BRAUCHEN SIE:

- 2 Stahlbänder (Edelstahl oder verzinkt), 1–2 mm dick, 25 mm × 1 m (a)
- 2 Sperrholzbrettchen, 18 oder 25 mm dick, 75 × 280 mm (b)
- 8 Hartholzleisten, 24 × 24 × 280 mm (c)
- 2 Hartholzblöcke, 27 × 110 × ca. 40 mm (d)
- 1 Hartholzstab, 420 × 40 × 20 mm (e)
- 2 Keile, 240 mm lang, 24 × 24 mm, spitz zulaufend
- 2 Keile, 350 mm lang, 20 × 60 mm, spitz zulaufend
- 2 stabile Stützpfosten, ca. 1,5 m lang
- 2 Sperrholzplatten, 8 oder 25 mm dick, ca. 300 × 300 mm

7 Schneiden Sie in die Mitte der Sperrholzbrettchen (b) je einen Rechteckausschnitt von 80 × 27 mm. Ziehen Sie an vier der Hartholzleisten (c) Querlinien bei 30 und 70 mm, gemessen ab einem Ende, und markieren Sie die Bereiche dazwischen zum Entfernen. Mit der Säge und einem Meißel heben Sie die Zwischenbereiche zu flachen Nuten von 12 mm Tiefe aus. Schrägen Sie je ein Ende der beiden Holzblöcke (d) im Winkel von 46° ab. Ist das Holz 40 mm breit, erhalten Sie den korrekten Winkel, indem Sie auf der Oberseite an einer Längskante 103 mm abmessen und eine Linie zur nächsten Ecke der gegenüberliegenden Längskante ziehen. Schrauben Sie die Stützpfosten auf die Sperrholzplatten von 300 × 300 mm, sodass sie vertikal stehen und nicht umfallen können. Zum Schluss spannen Sie, falls noch nicht geschehen, die Biegeschablone mit der zuvor gemachten 2-D-Biegung (siehe Seite 110) in Ihren Schraubstock und kürzen die Stützen bündig auf die Höhe der Unterkante des gebogenen Holzes.

8 Setzen Sie den Doppelkompressionsgurt zusammen. Ziehen Sie, gemessen ab einem Ende der beiden Stahlbänder, Markierungslinien bei 60 und 740 mm und biegen Sie das Band an diesen Linien exakt im Winkel von 90°. Die 60-mm-Markierung kann jeweils über das Ende des Hartholzstabes (e) gebogen werden. Bohren Sie zwei kleine Löcher in das Ende des Stahlbandes und befestigen Sie es mit einer Schraube. Haken Sie die umgefalteten Enden bei 740 mm in die Rechteckausschnitte der Sperr-

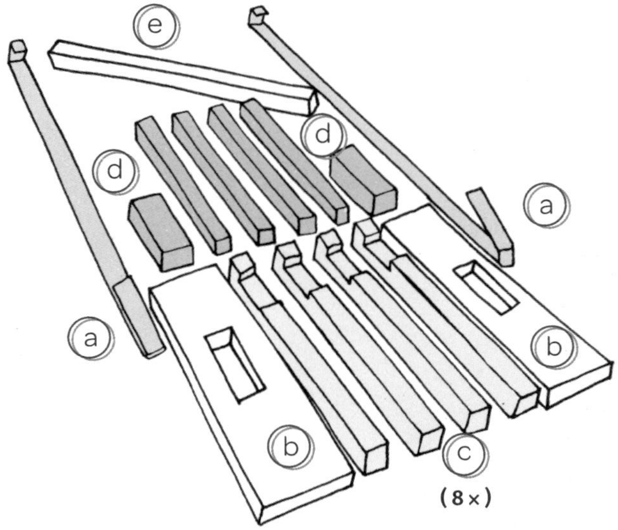

holzbrettchen (b), falzen Sie sie um und schrauben Sie sie mit drei oder vier Schrauben fest. Schrauben Sie bündig mit den Kanten die vier nicht bearbeiteten Holzleisten (c) auf das Sperrholz und fügen Sie die angeschrägten Klötze (d) ebenso dazwischen. Zum Abschluss schrauben Sie die übrigen Holzleisten (c) mit den Nuten nach unten und in Richtung Stahlband oben auf.

9 Der nächste Schritt ist wichtig: Überprüfen Sie, ob alles genau auf die 2-D-Biegung passt, die Sie zuvor gemacht haben. Wenn ja, klopfen Sie die Keile aus der Haltevorrichtung des alten Kompressionsgurtes an der erkalteten Bugform und legen die Enden dieses Bandes aus dem Weg. Daraufhin montieren Sie den Doppelkompressionsgurt; der Holzstab (e) (420 × 40 × 20 mm) rastet dabei in die Nuten der Biegeschablone (dem höchsten Teil der Schablone) ein. Ist das zu knapp, vergewissern Sie sich, dass die Biegung auf einer Höhe mit der Biege-

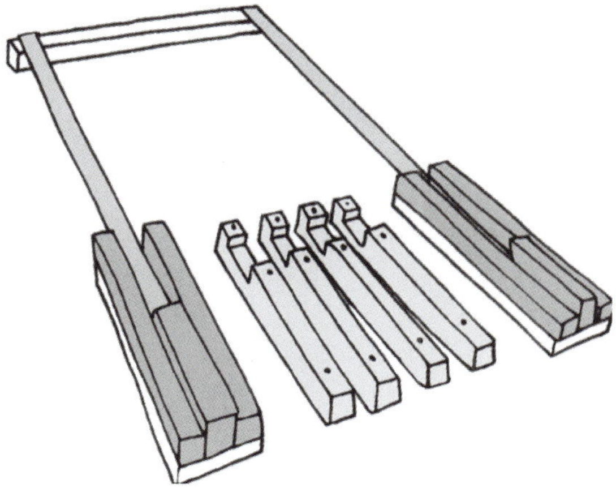

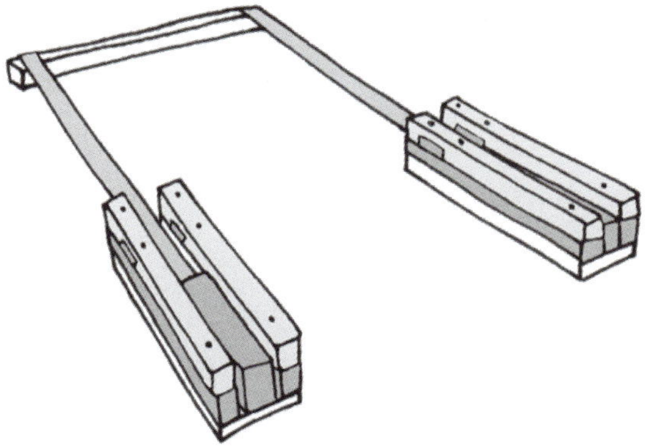

schablone liegt und sägen bzw. meißeln ein wenig Holz ab, bis es leicht passt. Wenn Keile aus Ihrer 2-D-Biegung im Weg sind, entfernen Sie diese, markieren aber, wo sie hingehören. Legen Sie das Stahlband über die Holzenden. Zwischen dem zu biegenden Holz und Block (d) sollte ein Abstand von 5–25 mm bestehen – durch Herausnehmen der Schrauben, erneutes Falzen des Bandes und wieder Festschrauben können Sie das einstellen. Stecken Sie zum Abstützen insgesamt sieben Keile rund um den bereits gebogenen Teil des Holzes und anschließend die Keile in Ihren Kompressionsgurt. Stellen Sie die Stützpfosten unter, damit Sie eine Unterlage zum Hämmern haben, und die Keile können fest geschlagen werden. Üben Sie das Anlegen des Doppelgurts, bis Sie sicher sind, dass Sie alle Handgriffe in unter einer Minute hinbekommen.

BIEGEN DER UMLAUFENDEN LEHNE

An diesem Punkt wird Holzarbeit zum Sport. Sie haben alle Vorbereitungen getroffen, ausreichend geübt und zeigen jetzt, was Sie können. Im Idealfall steht Ihnen jemand hilfreich zur Seite und Sie haben für einen hinreichenden Vorrat an Reserveholz in der Dampfkammer gesorgt. Aber denken Sie vor allem daran, dass es bei dem, was jetzt kommt, mindestens ebenso sehr um eine neue Erfahrung, wie um ein gelungenes Ergebnis geht. Selbst wenn Ihnen das Holz brechen sollte, werden Sie etwas daraus lernen und Ihre Technik von Mal zu Mal verbessern.

10 Dämpfen Sie Ihr Lehnenholz eine Stunde lang. Bereiten Sie die Biegeschablone vor und instruieren Sie Ihren Helfer. Wie zuvor spannen Sie das Holz unmittelbar nach dem Herausnehmen aus der Dampfkammer in den Kompressionsgurt. Schlagen Sie alle Keile fest. Platzieren Sie die zu biegende Stelle genau mittig auf der Biegeschablone und setzen Sie dort den mittleren Keil. Biegen Sie ohne Verzögerung den Bogen von 180° und sichern Sie die Bogenform mithilfe zweier weiterer Keile ab. Legen Sie den Doppelkompressionsgurt an und verteilen Sie die restlichen Keile um Ihren Bogen. Legen Sie die Endstücke

des Kompressionsgurtes auf Ihr Holz und befestigen Sie alle dazugehörigen Haltekeile mithilfe der Stützpfosten als Unterlage zum Hämmern.

11 Biegen Sie die letzten beiden Biegungen linker und rechter Hand nach unten wie gezeigt, und klemmen Sie die Holzarme mit den letzten Keilen in einem Biegewinkel von 75–80° fest. Korrigieren Sie die Keile solange, bis beide Biegeradien den gleichen Winkel aufweisen. Geschafft! Lassen Sie das Holz vollständig erkalten, bevor Sie vorsichtig die Kompressionsbänder abnehmen, indem Sie die Keile herausklopfen. Sollte das Holz kleinere Risse bekommen haben, können Sie diese jetzt verfüllen. Tropfen Sie dafür Sekundenkleber in die Risse und decken Sie die Stelle mit Klebefilm ab, bevor Sie die Keile wieder einschlagen. Lassen Sie das Holz für mindestens zwei Tage in der Form trocknen.

GESPALTENE STUHLBEINE

Dazu gehört eine der einfachsten Biegungen in diesem Buch. Planen Sie genügend Zeit ein, um das Holz zwischen dem Biegen und der Oberflächenbearbeitung völlig trocknen zu lassen; dies kann bei der vorliegenden Holzstärke bis zu einer Woche dauern. Die Beine müssen richtig durchgetrocknet sein, sonst werden sie später schrumpfen und nach dem Einfügen in den Sitz wackeln.

DIE BIEGESCHABLONE FÜR DIE STUHLBEINE

12 Schneiden Sie die geschwungenen Stäbe von 6 mm × 225 mm und die Rückenplatte vom Maß 190 × 310 mm – die Vorlage dafür finden Sie bei den Teilen der Biegeschablone auf Seite 119.

13 Schrauben bzw. kleben Sie jeweils drei der Bogenteile zu einem Stapel aufeinander. Passen Sie diese auf die Rückenplatte und schrauben Sie die oberen Enden an die Breitseite der Rückenplatte; an den unteren, zusammenlaufenden Enden lassen Sie sie lose, damit sie später noch zusammengepresst werden können. Schneiden Sie ferner zwei gleichschenklige Dreiecke von 80 und 120 mm Seitenlänge aus Massivholz und 12 Holzplättchen aus Massiv- oder Sperrholz von etwa 50 × 100 mm. Fertig.

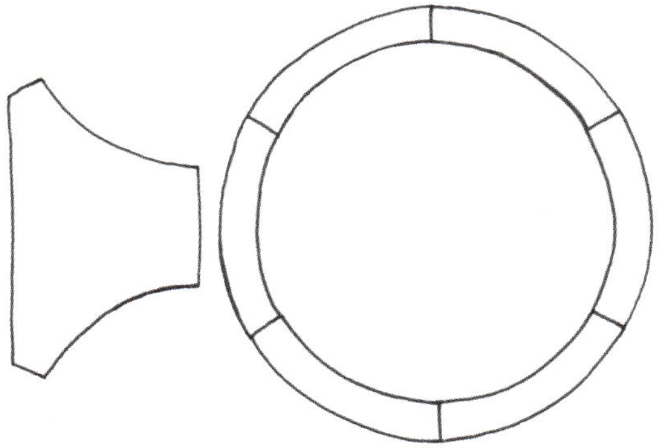

ist. Zeichnen Sie dann den Verlauf der gebogenen Außenkanten der Stuhlbeine auf die Rückenplatte und nehmen Sie das Holz aus der Biegeform; die erste Zwinge, unterhalb des Spalts, lassen Sie dabei an ihrem Platz. Wiederholen Sie den Vorgang mit dem zweiten Bein. Spannen Sie dann beide Beine zusammen, damit sie in gleicher Form auftrocknen. Legen Sie das Holz für mindestens fünf Tage zum Trocknen in einen Trockenraum oder auf einen warmen Heizkörper: es sollte im Idealfall weniger als 10 % Feuchtegehalt aufweisen, bevor es weiterbearbeitet wird.

ANFERTIGUNG DER BEINE

14 In die Holzleisten für die Stuhlbeine von 55 × 55 × 500 mm schneiden Sie in der Mitte einen Spalt von 350 mm Länge. Beim Schneiden mit der Kreissäge ist der Spalt naturgemäß auf der einen Seite länger als auf der anderen, Sie können dies als Teil des Designs betrachten, achten Sie dann später lediglich auf gegengleiche Montage der Stuhlbeine. Dämpfen Sie das Holz 90 Minuten lang.

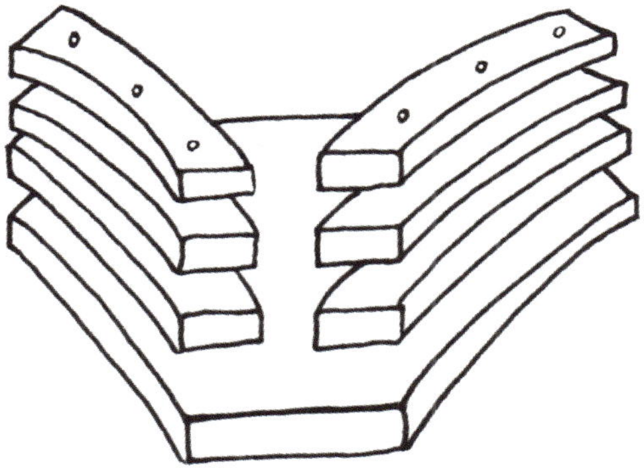

Direkt nach dem Herausnehmen spannen Sie das untere, nicht gespaltene Ende des Holzes in eine Zwinge. Stecken Sie das Holz in Ihre Y-förmige Biegeform und pressen Sie die beweglichen Teile mit einer neuen Zwinge fest an das Holz. Fixieren Sie die gesamte Vorrichtung mit einem Schraubstock auf Ihrer Werkbank. Drücken Sie das Holz wie im Bild mithilfe des Dreieckskeils auseinander.

15 Schlagen Sie den Keil so weit ein, bis der Spalt an der Oberkante etwa 200 mm auseinanderklafft. Sollte sich ein Holzschenkel stärker zur Seite neigen als der andere, können Sie das noch so lange korrigieren, wie das Holz warm

16 Messen Sie vom nicht gespaltenen Ende 75 mm ab und arbeiten Sie von dieser Länge einen Rundzapfen von 50 mm Durchmesser. Rundzapfen lassen sich auf verschiedene Arten herstellen, unter anderem von Hand mit einem Rundungshobel oder mit der Oberfräse oder einem Zapfenschneider. Schlitzen Sie, 10 mm von der Kante entfernt, den Zapfen an zwei Stellen um 50 mm senkrecht von oben ein (siehe auch Abbildung 22, Seite 129) und kanten Sie die Oberkante großzügig mit einem scharfen Schnitzbeitel ab. Dann ist Ihr Stuhlbein fertig.

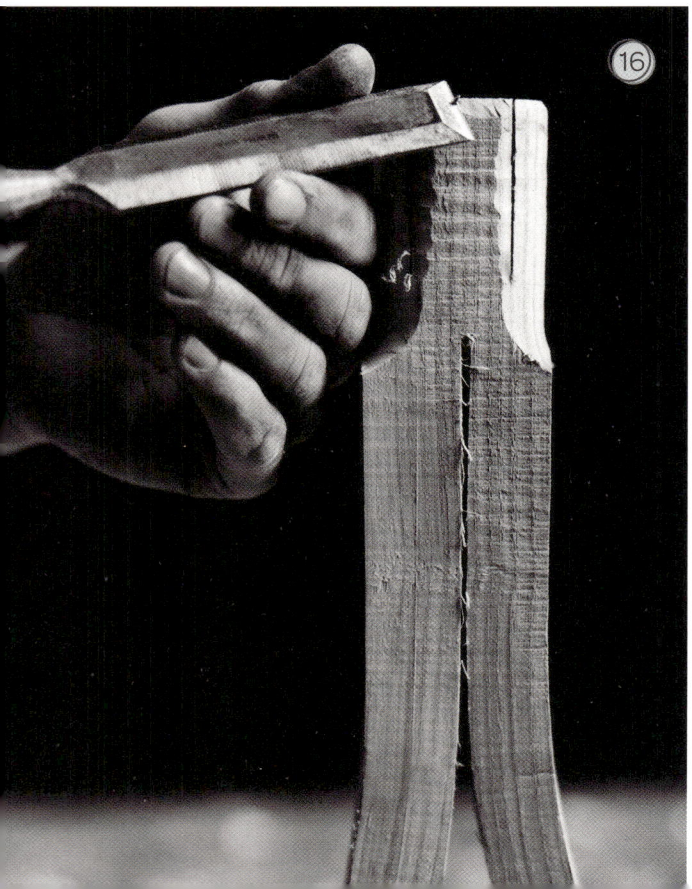

BIEGESCHABLONE FÜR DIE KUFEN

17 Es folgt die einfachste Biegeschablone im gesamten Buch: Schneiden Sie aus Sperrholz zwei Rundbögen (570 mm Länge, Außenradius 750 mm) und schrauben Sie diese aufeinander.

ANFERTIGUNG DER KUFEN

Für die Kufen muss das Holz besonders geradfaserig sein, denn auf ihnen ruht das Gewicht des Schaukelstuhls. Die Kufen werden aus 1 m-Stangen gebogen, die erst am Stuhl längenmäßig bearbeitet werden.

18 Legen Sie das Holz für 1 Stunde in die Dampfkammer. Befestigen Sie die Biegeform im Schraubstock und halten Sie zwei Schraubzwingen und zwei 50-mm-Holz-

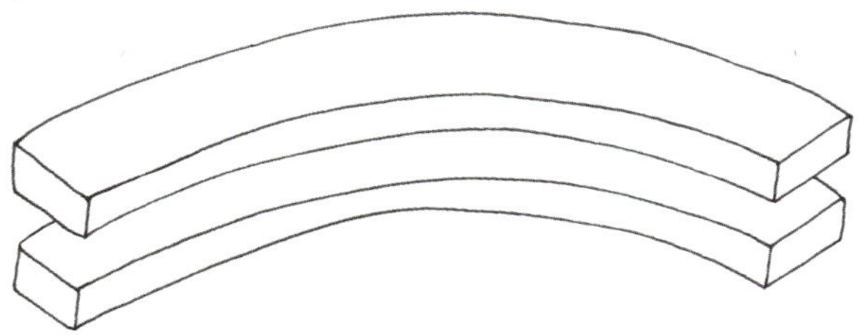

plättchen bereit. Nehmen Sie beide Holzstangen aus der Dampfkammer und spannen Sie beide zusammen mit einem Überstand von etwa 150 mm an ein Ende der Biegeform. Biegen Sie beide gleichzeitig, indem Sie mit Ihrem ganzen Körpergewicht das Holz gegen die Biegeschablone pressen. Fixieren Sie das Holz in der gebogenen Form, schieben Sie dabei aber zum Schutz des Holzes jeweils eines der Holzplättchen zwischen die Zwingen und die Kufen. Trocknen Sie das Holz zwei Tage lang.

ANFERTIGUNG DES SITZES

19 Schneiden Sie eine quadratische Platte von 450 × 450 mm, 40-55 mm dick, aus durchgetrocknetem Holz, das weder Risse noch andere Holzfehler aufweist. Zeichnen Sie kreuzweise die Mittelachsen auf die Oberseite. Die Holzfasern laufen von vorn nach hinten. Dritteln Sie die querverlaufende Mittellinie und markieren Sie deutlich die Schnittpunkte, hier werden die beiden Löcher zum Einstecken der Beine gebohrt. Bohren Sie zwei Löcher von 50 mm Durchmesser in einem Neigungs-

winkel von etwa 20° rechts und links von der Stuhlmitte. Es gibt verschiedene Arten, den Neigungswinkel genau hinzubekommen: Wir verwendeten einen Säulenbohrer, schraubten einen 1 m–langen Holzstab an die Front des Werktisches und konnten so mit einem Winkelmesser gegen diese Achse den Winkel bestimmen und exakt spiegelbildliche Löcher bohren.

20 Formen Sie anschließend die hintere Kante Ihres Sitzes. Ich habe mich für eine halbrunde Form entschieden. Den Halbkreis haben wir mit der Oberfräse und einem Zirkelaufsatz geschnitten, Sie können aber genauso mit der Stich- oder Bandsäge arbeiten.

ZUSAMMENBAU UND FORMGEBUNG

21 Auf der Unterseite Ihres Sitzes ziehen Sie zwei Linien, die die Ausrichtung Ihrer Kufen anzeigen; besonders schön sieht es aus, wenn die Kufen nach hinten leicht zusammenlaufen. Legen Sie zur Unterlage zwei Weichholzblöcke mit einem Abstand von etwa 70 mm voneinander auf eine stabile Werkbank. Legen Sie den Sitz mit einem der Löcher über dem Zwischenraum auf die Blöcke und spannen Sie alles fest. Spannen Sie eine lange Zwinge quer über den Sitz, um das Holz quer zur Faserrichtung abzustützen. Legen Sie an dem Bein, das Sie anbringen werden, eine weitere Zwinge an die Ausgangsstelle des Spaltes. Streichen Sie das Loch und den Zapfen mit Weißleim ein. Halten Sie das Stuhlbein so über das Loch, dass es gemäß Ihrer Linie im richtigen Kufenwinkel steht, und schieben Sie es zunächst nur lose ein. Erst nachdem Sie überprüft haben, ob der Winkel stimmt, schlagen Sie es richtig ein; legen Sie dabei aber einen Holzblock über die beiden Beinschenkel und verwenden Sie einen weichen Schlägel. Wiederholen Sie dies unter Beachtung der gegengleichen Stellung mit dem anderen Bein.

22 Nun können Sie mit der Feinbearbeitung beginnen. Ich finde es sinnvoll, den Sitz und die anderen Oberflächen zu bearbeiten, während ich Schritt für Schritt weitermache. Sie können traditionelle Werkzeuge wie Dechsel, Axt, Zugmesser, Schnitzbeitel und Schabmesser oder einen Winkelschleifer mit verschiedenen Aufsätzen verwenden, stellen Sie allerdings sicher, dass Sie über eine gute Absaugung verfügen und tragen Sie eine Staubmaske und einen vollen Gesichtsschutz. Bei Ge-

18

19

staltungsarbeiten ist es wichtig, sich vorher einen Plan zu machen. Zeichnen Sie sich Ihre Mittellinien und andere Referenzpunkte immer wieder mit Bleistift an. Planen Sie, circa die Hälfte des Gesamtvolumens des Holzes vom Sitz abzutragen, und achten Sie darauf, dass Sie nur bis zu einer maximalen Tiefe von ca. 15 mm Holz von der Oberfläche abtragen, da Sie in der Mitte des Stuhls eine tragfähige Holzstärke benötigen. An der Unterseite des Sitzes kann eine Menge Holz entfernt werden, das sich von den Verbindungsstellen der Beine und Armlehnen nach außen, zu den Kanten hin, auf eine Dicke von ca. 10 mm verjüngen kann, was dem Stuhl Eleganz verleiht. Die Beine können runde Profile erhalten; zur leichteren Bearbeitung können Sie Kufen und Arme abschrauben. Geben Sie Kufen und Armen eine leicht gerundete Form, aber nicht der Rückenlehne: konturieren Sie diese nur für besseren Sitzkomfort, achten Sie aber darauf, dabei nicht zu viel Holz wegzunehmen.

Haben Sie die Oberseite des Sitzes grob geformt, drehen Sie den Stuhl auf seine Beine. Fertigen Sie aus trockenem, geradfaserigem Hartholz vier spitz zulaufende Keile im Maß von 45 × 30 × 3 mm. „Öffnen" Sie mit einem Meißel die beiden kleinen Schlitze in den Zapfenoberflächen der Beine. Tauchen Sie die Keile in Leim und treiben Sie sie idealerweise bis ca. 10 mm unter die Sitzoberfläche hinein. Damit die Keile die abgewinkelten Kanten des Schlitzes exakt ausfüllen, machen Sie sie während des Einschlagens mit einem Meißel passend. Nach Aushärten des Klebstoffs schneiden Sie die herausstehenden Enden mit einer Japansäge bündig, dann können Sie mit der Feinbearbeitung und dem Schleifen fortfahren, bis die Oberfläche glatt ist.

23 Messen Sie Höhe und Neigungswinkel des Stuhls: soll er niedriger sein oder sich weiter nach hinten lehnen? Jetzt ist der Zeitpunkt, die Beine entsprechend zu bearbeiten. Klemmen Sie die Kufen mit Zwingen seitlich an die unteren Beinenden und markieren Sie die Positionen für die nötigen Aussparungen mit Anreißmesser, Winkeldreieck und Streichmaß. Trennen Sie die Aussparungen mit der Säge, der Dekupiersäge und einem Meißel heraus. Die Kufen sollten nicht zu locker, aber auch nicht zu

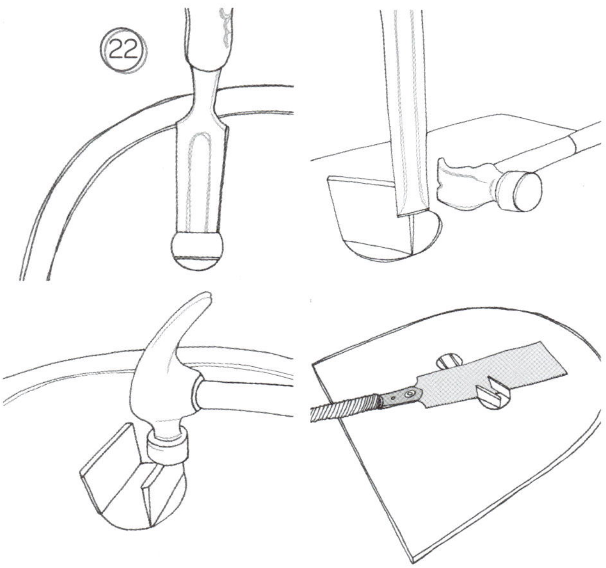

fest in den Aussparungen sitzen; die Gefahr, dass sie das Holz sprengen, muss vermieden werden. Bohren Sie von unten ein 4-mm-Loch in die Kufe und schrauben Sie sie mit einer 50 × 4 mm-Schraube in das Stuhlbein. Wenn die Gesamtlänge der Kufen feststeht, kürzen Sie die Stäbe auf diese Länge und fügen zur Stabilisierung eine Quer- oder Stützstrebe Ihrer Wahl hinzu.

24 Nehmen Sie den Armlehnen-Rückenbügel von Ihrer Biegeschablone ab. Legen Sie Ihre dreidimensionale Bugform in einer gefälligen Position an den Stuhl und spannen Sie ihn mit Zwingen fest. Bei einer ersten Sitzprobe können Sie die richtige Höhe und Neigung für den optimalen Sitzkomfort am besten bestimmen und danach die Anbringung des Bügels entsprechend angleichen. Achten Sie dabei auf Symmetrie. Zeichnen Sie die richtige Stellung am Sitz mit Anreißmesser, Winkeldreieck und Streichmaß an.

25 Trennen Sie mit einer Säge, einer Dekupiersäge und einem scharfen Meißel die Aussparung für die Armlehne aus dem Sitz, vielleicht in einem leichten Winkel nach außen, um die Armlehne einladender zu machen. Die Lehne kann nun wieder eingesetzt werden. Ich schlage vor, sie vorerst nur mit einer 4 mm-Schraube anzubringen, damit

sie für die weitere Gestaltung noch einmal abgenommen werden kann. Überstehendes Holz an der Sitzunterseite können Sie bereits bündig absägen.

26 Holen Sie nun Ihre zweidimensionale Biegeprobe, die Sie mit dem einfachen Kompressionsgurt und der Biegeschablone für die Rückenlehne gemacht hatten. Schneiden Sie mit flach angeschrägten Enden nur den gebogenen Teil heraus. Bohren Sie drei 4-mm-Löcher, zwei mittig am Beginn des Anschnitts und eines genau in der Mitte des Bogens, aber 7 mm von der Außenseite des Bogens entfernt. Schrauben Sie diesen Bogen, leicht verschoben zur Vorderseite des Stuhls, unter Ihre Rückenlehne, die dadurch eine zum Anlehnen angenehmere Neigung erhält.

27 Nach der Oberflächenbearbeitung Ihres Stuhls haben Sie diesem nun wirkliches Leben eingehaucht. Auf dem Foto können Sie sehen, dass wir uns noch mitten in diesem Prozess befinden. Nehmen Sie sich Zeit, damit jede Gerade, jeder Schwung schön aussieht und sich genauso schön anfühlt. Schleifen Sie von Hand oder mit einem Exzenterschleifer, beginnend mit 120er-, dann 240er-Körnung, endend mit 800er-Körnung oder für eine seidige Oberfläche noch feiner. Nehmen Sie die beiden Teile Ihrer Rückenlehne zum Schleifen auseinander. Danach kleben Sie die Kufen und die umlaufende Lehne ein und ersetzen die Schrauben durch Dübel, bis auf diejenigen an der Unterseite der Kufen: Sie sollten alles vermeiden, was das Holz schwächen könnte, behalten Sie diese Schrauben also lieber! Wenn der Klebstoff getrocknet ist, schneiden Sie alle Dübel bündig und schleifen nach, bis auch sie perfekt sind.

28 Zum Schluss ölen Sie Ihren Stuhl. Für langanhaltenden Glanz verwenden Sie Hartwachsöl, für ein naturnahes Erscheinungsbild mehrere Schichten Danish Oil, das Sie zwischen den Schichtaufträgen mit sehr feiner Drahtwolle in das Holz reiben.

FREIZEITBOOT

Jetzt können Sie sich von Ihren neuen Handwerkskünsten zu neuen Ufern davontragen lassen, zum Beispiel mit diesem kleinen Boot. Es wurde so konzipiert, dass sich eine Person damit aufs Wasser wagen kann. Bei der Konstruktion wurde den besonderen Bedingungen des Eigenbaus Rechnung getragen – ich hoffe, Ihnen wird das Bauen genauso viel Spaß machen, wie darin herumzupaddeln. Die Form des Freizeitboots ist den traditionsreichen Ruderbooten auf der Themse nachempfunden, es ist mit zwei Metern Länge jedoch um einiges kürzer. Es wurde zum Rudern, Paddeln oder für einen kleinen elektrischen Außenbordmotor ausgelegt, kann aber auch zum Dinghi umgestaltet werden. Meiner Meinung nach achtet ein guter Designer heute darauf, dass er in puncto Umweltfreundlichkeit und Energiebilanz nur das allerbeste Material verwendet, das es zur Erfüllung seines Projekts gibt. Hier kommt neben dampfgebogener Esche auch importiertes FSC-zertifiziertes Bootsbausperrholz zum Einsatz, das richtige Material, damit auch Anfänger mit der Technik gute Ergebnisse erzielen können.

Den eigentlichen Wert stellen hier aber der Bauplan und das Bauverfahren dar: Folgen Sie der Anleitung, dann verfügen Sie am Ende über ein schönes Boot, das Ihnen Freude bringt und leicht genug für den Transport auf Ihrem Autodach ist. Bei der Gestaltung Ihrer Vorlagen können Sie noch bestimmen, ob Ihr Boot im Vergleich zu unserem am Ende mit einer schlankeren oder runderen Form dastehen soll; allerdings rate ich zu einem relativ flachen Boden. Vielleicht haben Sie Interesse daran, mit verschiedenen Varianten zu experimentieren, wenn Sie mehr als ein Boot anfertigen wollen. Das Dampfbiegen ist bei diesem Projekt mehr als einfach: Wir haben die dünnen Eschenstäbe in einer engeren Einheitsform vorgebogen und später beim Zusammenschrauben der Sperrholzwand auf die genaue Form „aufgebogen". Es ist ratsam, wenn möglich, alles an einem Tag zu erledigen, denn der Zusammenbau ist einfacher, solange das Holz noch nicht zu stark ausgetrocknet ist. Vor Ihnen liegt also ein Vergnügungsprogramm für ein Wochenende. Meine erste Stelle im Holzbau hatte ich in einer Bootswerft nach einer abenteuerlichen Segelreise über den Atlantik. Das liegt viele Jahre zurück. Hier haben wir den genauen Gegenpol des Bootsbauspektrums, aber ich habe diese Arbeit und ihre Vorbereitung dennoch als ähnliche Reise erlebt, mit langen Stunden konzentrierter Arbeit, an deren Ziel und als deren Preis etwas Neues und Unentdecktes standen. Und alles wird anders, sobald Sie Ihr Boot zu Wasser lassen. Stress und alltägliche Sorgen lösen sich in Luft auf und von dem Moment an, wo Sie mit Ihrem Boot übers Wasser gleiten, tun sich ganz neue Welten auf.

DAS BRAUCHEN SIE:

- 15 Eschenstäbe, sauber, ohne Astknoten und idealerweise nicht abgelagert, 20 × 10 mm, 2,40 m lang (ebenfalls geeignet: Ulme, Eiche oder Eibe)
- Transparentpapier und Stifte
- langes Lineal
- 3 hochwertige G-Klemmen, mind. 100 mm lang
- Stichsäge oder CNC-Maschine
- 1 Platte Bootsbausperrholz, 3 oder 4 mm stark
- 1 Hartfaserplatte, 4 mm stark (für Probemodell, nicht unbedingt erforderlich)
- Schleifpapier, Körnung 120 und 240
- 6 Holzstützen, 20 × 20 × 75 mm
- Bootsbausperrholz/wetter- und kochfest verleimtes Sperrholz (WBP), 18 × 400 × 1000 mm
- Edelstahlschrauben
- Akkubohrmaschine mit Bohraufsätzen
- Epoxidharz und Epoxidfüllstoff
- Köper-Glasfasergewebe, 162 g/m² (nicht unbedingt erforderlich)
- Bootslack (nicht unbedingt erforderlich)
- Pinsel

SO GEHEN SIE VOR:

1 Zeichnen Sie die Vorlagen für Ihr Bootsdesign auf Transparentpapier. Sie benötigen drei Teile: den „Heckspiegel" (die Rückseite des Boots), das „Mittelteil" (mit angezeichneten gleichmäßig angeordneten Längsrippen) und die „Bordwand" (die Außenhaut). Sie können unsere Vorlagen herunterladen (siehe Seite 144), aber warum nicht Ihre eigenen erstellen? Die Konstruktion dieses Bootstyps kann so manche Modifikation vertragen und dennoch funktionieren. Experimentieren Sie mit Modellen aus Papier im Maß von 125 × 250 mm, die Sie dann vergrößern können, wenn Sie die perfekte Form gefunden haben. Haben Sie vor, ein Paddel-/Motorboot wie unseres zu bauen, schlage ich vor, das Mittelteil als Teil der Biegeschablone zu gestalten, der mit entfernt wird, aber wenn Sie ein kleines Segelboot planen, kann dieses Teil bleiben, um den Mast und das Deck zu stützen.

2 Übertragen Sie Heckspiegel und Mittelteil von Ihrem Transparentpapier auf das 18-mm-Sperrholz und schneiden Sie sie mit der Stichsäge zu, wobei Sie darauf achten müssen, die Nuten von 10 × 20 mm an den Stellen zu schneiden, an denen die Längsrippen verlaufen sollen.

3 Zeichnen Sie die Außenhaut auf das Bootsbausperrholz von 3 oder 4 mm Stärke und schneiden Sie sie zu. Ich fand, dass die viel billigere Hartfaserplatte gut geeignet war, wenn man an der Bootsform in realer Größe die korrekte Schnittform der Außenhaut überprüfen wollte. Mit dem Bootsbausperrholz in 3 mm Stärke konnte man wesentlich einfacher arbeiten, dafür war es etwas weniger robust als die 4-mm-Platte. Schleifen Sie die Kanten des Sperrholzes vollkommen glatt.

4 Verstärken Sie als Nächstes die Nuten für die Längsrippen am Mittelteil so durch sechs kleine Holzstützen (im Bild unten links), dass Sie sie vom Inneren des Bootes aufschrauben und leicht entfernen können.

5 Schneiden Sie eine Sperrholzplatte von 18 mm Stärke im Maß von 40 × 120 cm, sowie den gebogenen „Dorn" für die Bugspitze und das Stützelement und montieren Sie, zusammen mit den Teilen aus Schritt 2, die Biegevorrichtung wie abgebildet, indem Sie sie verschrauben.

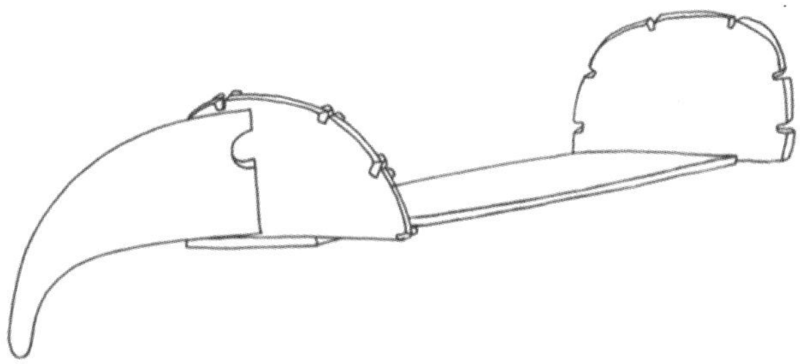

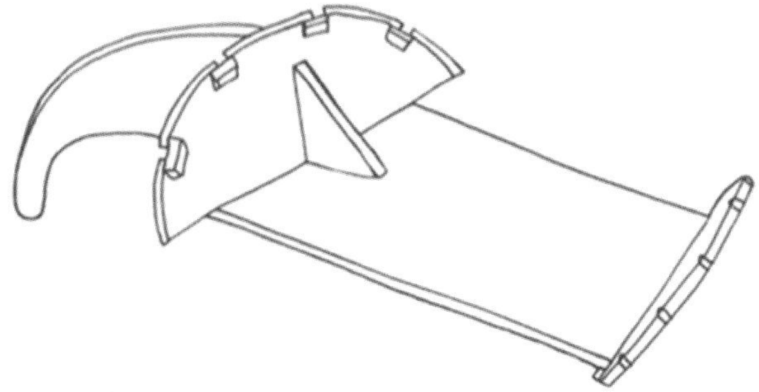

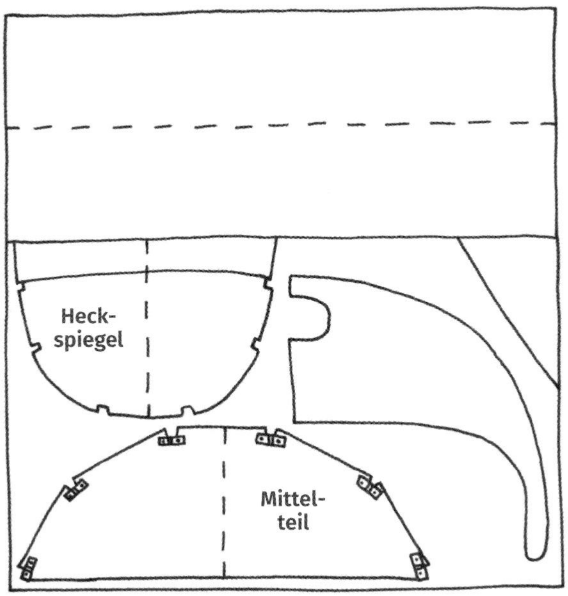

6 Wenn dies noch nicht geschehen ist, bereiten Sie Ihre Holzstäbe von 10 × 20 mm und 2,40 m Länge zum Dämpfen vor. Wir haben fasergerade Esche verwendet, die gut für hochbelastbare Anwendungen geeignet ist und zusätzlich im Kontrast zum dunkleren Sperrholz toll aussieht.

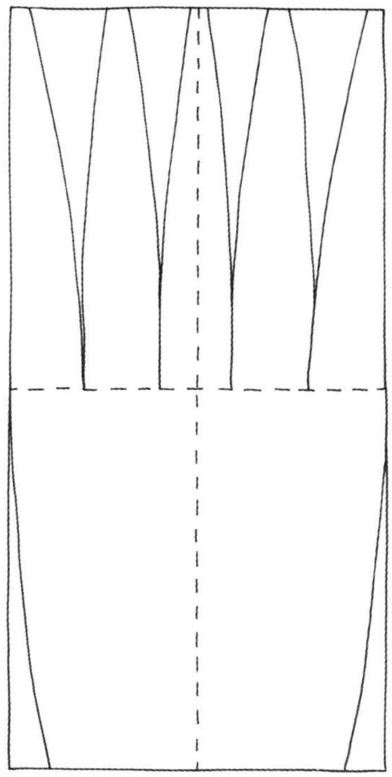

7 Erhitzen Sie das Holz für mindestens 30 Minuten im Dampfrohr (siehe Seite 106).

Wenn das Holz aus dem Dampfrohr kommt, müssen Sie es sofort bündig an der Rückseite des Bootes einspannen, dann erhalten Sie auch die Biegung an der richtigen Stelle. Wählen Sie das sauberste, geradlinigste Stabende zum Biegen und biegen Sie es dann wie abgebildet über den „Dorn" der Biegevorrichtung. Spannen oder halten Sie es in dieser Stellung und lassen Sie es für ein oder zwei Minuten abkühlen. Sie biegen dabei das Holz über eine engere Kurve, als für das Boot benötigt wird.

8 Nach dem Abkühlen können Sie das Holz ziemlich stark zurückfedern lassen. Verschrauben Sie es dann direkt mit dem Heckspiegel und dem Mittelteil, wobei das Holz sauber in die Nuten eingepasst wird. Kleben Sie die Verbindung mit Epoxidharz und verwenden Sie Edelstahlschrauben zur Befestigung am Spiegel, da dies eine dauerhafte Verbindung ist.

Sechs Holzstäbe werden benötigt und schon nimmt das Boot Gestalt an! Zeichnen Sie mit Bleistift eine gut erkennbare Mittellinie auf die Außenseite aller gebogenen Stäbe.

9 Als Nächstes kann die Außenhaut über die Biegevorrichtung gelegt werden. Richten Sie die Außenwand sorgfältig so aus, dass Sie Ihre Bleistiftlinien an den Stäben so nah wie möglich an den Stellen sehen, an denen die Schnitte in der Wand beginnen.

10 Tragen Sie Epoxidharz auf die Kante des Spiegels auf und schrauben Sie die Bootswand mit kleinen Edelstahlschrauben fest. Es ist wichtig, dass die Schrauben bündig mit der Oberfläche des Sperrholzes abschließen – daher müssen die Schrauben superscharf sein, nicht dicker als 3 mm und es muss ein qualitativ hochwertiges und vor allem das richtige Schraubendreherbit verwendet werden. Die Drehmomenteinstellung an Ihrer Bohrmaschine kann sich für diese Arbeit als nützlich erweisen. Wenn Sie bislang kein Meister am Akkubohrer waren, werden Sie am Ende dieser Arbeit Bohr-Jedi sein! Der Trick besteht darin, dass die Schraube exakt mit dem Bohrer in einer Linie

steht. Wenn es zu einem „Hüpfen oder Klappern" kommt, müssen Sie sofort anhalten und wohl oder übel Schrauben mit beschädigten Köpfen entsorgen. Edelstahlschrauben sind besonders anfällig dafür, nicht das zu tun, was man von ihnen erwartet! Mit geraden Linien zeichnete ich auf der Außenseite des Bootes die Lage der Eschenstäbe an und setzte meine Schrauben im Abstand von jeweils 10 cm. An den Enden, an denen die gebogenen Teile zusammenkommen, müssen die Schrauben paarweise zu beiden Seiten der Schnitte gesetzt werden. Ich begann mit Abständen von jeweils 10 cm und verkürzte diese zum Ende hin auf alle 5 cm, um die Stabilität zu erhöhen.

Fahren Sie fort, bis die Bordwand komplett ist. Zur vorderen Bootsspitze hin baut sich immer mehr Spannung auf. Wenn dies ein Problem ist, hilft es enorm, die Biegevorrichtung fest auf eine solide Bank zu klemmen oder, wenn es möglich ist, die Sperrholzteile mithilfe einer zweiten Person gegeneinanderpressen zu können.

11 Heizen Sie Ihre Dampfkammer wieder an und drehen Sie das Boot um, wobei das Heck (das Bootsende) Ihre Bank oder Ihren Tisch ein wenig überragen soll, oder legen Sie das Boot auf den Boden. Markieren Sie mit einem Maßband die Positionen der Querrippen und beachten Sie, wo sie, besonders im Bug (der Vorderseite) des Bootes, der gebogenen Form des Bootes folgen müssen. Mindestens drei Rippen sind erforderlich, bevor das Boot stabil genug ist, um von der Biegevorrichtung genommen zu werden, aber Sie können noch jede Menge weitere für zusätzliche Stabilität anbringen. Zum Einsetzen der Rippen nehmen Sie das heiße Holz aus der Dampfkammer und biegen es um das Bootsheck. Halten Sie das Holz in Form, solange es noch warm ist, drücken Sie es in das Boot und schrauben Sie es fest. Schneiden Sie überstehendes Holz mit einer Säge ab.

12 Sägen Sie auch alle restlichen überstehenden Teile des Bootes ab.

13 Machen Sie das Boot mit Epoxidharz wasserdicht. Die Spalten zwischen den gekrümmten Teilen am Bug (der Spitze) des Bootes imprägnieren und verkleben Sie

11

12

zunächst mit flüssigem Epoxidharz und verfüllen sie dann mit Epoxidfüllstoff. Zu diesem Zeitpunkt könnte das gesamte Boot auch mit Glasfasergewebe (z. B. Twill 162 g/m^2) bezogen werden. Wir haben das nicht getan und halten unsere Boote trotzdem für ziemlich widerstandsfähig, aber wenn Sie größere Abenteuertouren planen und/oder einen Außenbordmotor verwenden wollen, sollten Sie dies in Betracht ziehen. Ohne die Glasfaserhaut können Sie später die Oberfläche ganz traditionell mit wunderschön aussehendem Bootslack überziehen.

14 Fügen Sie an der Außenseite des Bootes dampfgebogene Kufen hinzu, die längs des Bodens verlaufen, und kürzere Kufen zum Abdecken der beiden anderen Verbindungen am Bug. Diese müssen ebenfalls lackiert werden. Dann fehlen nur noch Sitze, Ruder und ein Picknickkorb. Das Freizeitboot ist als Projekt klein genug, um leicht damit experimentieren zu können und Ihre eigenen Vorstellungen zu verwirklichen.

Und alles wird anders, sobald Sie Ihr Boot zu Wasser lassen. Stress und alltägliche Sorgen lösen sich in Luft auf und von dem Moment an, wo Sie mit Ihrem Boot übers Wasser gleiten, tun sich ganz neue Welten auf.

BEZUGSQUELLEN

PROJEKTVORLAGEN UND BIEGESCHABLONEN
Auf der Website des Autors können Sie kostenlos Vorlagen für Biegeschablonen und mehr aus diesem Buch herunterladen. Alle wichtigen Informationen dazu erhalten Sie auf www.haupt.ch/holz-und-dampf

HOLZ KAUFEN
Am besten suchen Sie mit den Stichworten „Sägewerk", „Baumpflege", „Holzhandel", „Gartenbauamt" und „Förstereien" im Internet nach Adressen in Ihrer Nähe oder fragen einen ortsansässigen Schreiner nach Tipps für den Bezug von Holz.

WERKZEUGE UND MATERIALIEN FÜR DAS HOLZHANDWERK

DICTUM GmbH
Gottlieb-Daimler-Str. 3
D-94447 Plattling
www.dictum.com

Dieter Schmid Feine Werkzeuge GmbH
Wilhelm-von-Siemens-Str. 23
D-12277 Berlin
www.feinewerkzeuge.de

Holzprofi Pichlmann
Watzing 2
AT-4661 Roitham
www.holzprofi.com

Joggi AG
Friedhofweg 4
CH-3280 Murten/Morat
www.joggi.ch

WEITERE BÜCHER AUS DEM HAUPT VERLAG ZUM THEMA „HOLZ"

Antje Rittermann
Einfach Holz
Möbel und Objekte aus gefundenem Holz
978-3-258-60129-8

Samina Langholz, Andrea Brugi
Holzarbeiten
Schlichte Wohnobjekte von Hand fertigen
978-3-258-60190-8

Max Bainbridge
Holz!
Schnitzen – traditionell und urban
978-3-258-60164-9

Antje Rittermann, Susann Rittermann
Bänke aus Holz
60 Bauanleitungen und Geschichten
978-3-258-60199-1

DANKSAGUNGEN

Es ist eigentlich unfair, dass dieses Buch unter meinem Namen erscheint, wenn es in Wirklichkeit eine echte Gemeinschaftsarbeit war, denn das Ergebnis geht weit über das hinaus, was ich alleine hätte bewältigen können. An erster Stelle wäre da Judith Hannam zu nennen, die mit der Idee kam, dann Joanna Copestick, die Verlegerin, sowie die Lektorin der Extraklasse Tara O'Sullivan, deren Weisheit und gutes Urteilsvermögen in jede Seite eingeflossen sind. Aufgrund von null Erfahrung im Veröffentlichen meinerseits, verließ ich mich auf Schritt und Tritt auf das Team von Kyle Books, darunter Lisa Pinnel, Frances Johnson und Sarah Kyle, die alle Fehler, die mir während des Prozesses unterliefen, sehr freundlich hinnahmen! Die Arbeit mit dem Fotografen Andrew Montgomery gestaltete sich als äußerst anregend, denn ich betrachte es als echtes Privileg, mit jemandem Zeit verbringen zu dürfen, der über eine derart starke Vorstellungskraft und Professionalität verfügt. Dank auch für die großartige Gestaltung von Laura Woussen und die Illustrationen von Esther Combes, der das Unmögliche gelang, ziemlich abstrakte Ideen und Details in sinnvolle Zeichnungen zu verwandeln. Noch so ein Superstar begegnete mir in Sian Parkhouse von der Redaktion. Ich danke Dr. Yorick Benjamin und Dr. Lisa Fenton für ihr sehr hilfreiches Feedback zu meinem Text und Dominik Grzyb, Quais Khan, Will Peglar (dem Mann auf Seite 39) sowie Hannah Walton für Hilfestellungen und Ratschläge während der Fotosessions und deren Vorbereitungen. Vielen Dank an meine Studioleiterin Natalie Ailsa Bowers, die mit ihrem wunderbaren Organisationstalent all das möglich gemacht hat. Ein besonderes Dankeschön geht an Nick Stanley und den Witherslack Estate für ihre Unterstützung (einschließlich des Holzes!). Und schließlich geht mein Dank an die beiden Musen, die mich inspiriert haben, Alison Ireland und Casper Ireland-Whinney.